# 国外燃气管线安全管理

北京市城市管理研究院　编著

中国环境出版集团·北京

**图书在版编目（CIP）数据**

国外燃气管线安全管理 / 北京市城市管理研究院编
著. -- 北京 ： 中国环境出版集团，2024.12. -- ISBN
978-7-5111-6094-2

Ⅰ. TU996

中国国家版本馆 CIP 数据核字第 2025Z2V284 号

责任编辑　陈雪云
封面设计　宋　瑞

---

出版发行　中国环境出版集团
　　　　　（100062　北京市东城区广渠门内大街 16 号）
　　　　　网　　　址：http://www.cesp.com.cn
　　　　　电子邮箱：bjgl@cesp.com.cn
　　　　　联系电话：010-67112765（编辑管理部）
　　　　　　　　　　010-67112735（第一分社）
　　　　　发行热线：010-67125803，010-67113405（传真）
印　　刷　玖龙（天津）印刷有限公司
经　　销　各地新华书店
版　　次　2024 年 12 月第 1 版
印　　次　2024 年 12 月第 1 次印刷
开　　本　787×1092　1/16
印　　张　16.5
字　　数　270 千字
定　　价　155.00 元

# 编委会

**策　划**

南　斌

**顾　问**

车　明　白丽萍　吕良海　白永强　杨永慧
韩金丽　刘　慧　李美竹　吴宝玲

**编委会主任**

王立润

**编委会成员**

宋华旸　张　斌

**主　编**

宋华旸　荣　荣

**副主编**

严陈玲　鞠阿莲　张　斌

**编著人员**

荣　荣　严陈玲　鞠阿莲　张　斌　宋华旸
赵立杰　陈希文　张秋辰

# 序

随着经济发展与城市化进程推进，我国燃气管道建设规模不断扩大，但部分早期铺设的管道如今已进入"老龄化"阶段。为应对燃气事故多发，国家积极推进"十四五"期间约 10 万千米老旧燃气管道更新改造工作。

近年来，我国持续加大城市燃气管道安全管理力度，国家先后出台《城市燃气管道等老化更新改造实施方案（2022—2025 年）》《全国城镇燃气安全专项整治工作方案》《关于扎实推进城市燃气管道等老化更新改造工作的通知》等政策文件，明确安全管理目标，建立严进、严管、重罚的燃气安全管理机制，全面排查整治城镇燃气全链条风险隐患，全力打好老旧燃气管道更新改造攻坚战。各地方也积极实施燃气管道安全管理措施，北京市实施新版《北京市燃气管理条例》，上海市出台《上海市开展燃气管道风险排查及燃气安全专项整治行动方案》，广州市修订完善《广州市燃气管理办法》，武汉市出台《关于开展"燃气本质安全提升年"行动的相关举措》等，不断夯实燃气管道安全基石。

他山之石，可以攻玉。本书从多角度、多方位收集了英国、法国、日本和美国关于燃气管线安全管理的相关资料，并加以研究分析，内容丰富、重点突出，为行业主管部门和相关从业人员了解国外先进经验和做法提供了有益的参考和借鉴，为提升燃气管线安全管理能力提供了重要支撑。

祝贺《国外燃气管线安全管理》出版！

南 斌

2024 年 12 月

# 目录

# 第一部分

# 英国燃气管线安全管理

英国国土面积 24.36 万平方千米，2020 年人口约 6 708.1 万，超过 2200 万户家庭已接入天然气管网，2020 年，英国 38% 的天然气用于家庭供暖，29% 用于发电，11% 用于工业和商业用途。2023 年英国天然气消耗量为 63.5 亿立方米。截至 2019 年，英国天然气长输管道总长约为 1.35 万千米。

## 一、发展历史

英国使用燃气的最早纪录是在 1667 年。1804 年，德国企业家弗雷德里克·温莎（Frederick Winsor）开始在伦敦公开展示煤气灯，以支持在集中式煤气厂生产煤气并通过街道下的铅质管道输送的竞争策略。

1807 年，温莎在伦敦威斯敏斯特市的 Pall Mall 街演示了如何使用煤气灯照亮街道，并于 1812 年获得皇家特许状，建造了世界上第一家公共煤气公司——煤气照明和焦炭公司（Gas Light and Coke Company）。该公司于 1813 年在威斯敏斯特市开业，旨在为该市提供照明。1814 年，在伦敦，通过一段 26 英里（1 英里=1.609 千米）长的铅质管道引入了第一盏管道煤气路灯。之后该公司取得了威斯敏斯特市 140 盏煤气灯的市政煤气照明合同，代表现代燃气工业在英国的开始（图 1-1）。

图 1-1　伦敦 Pall Mall 街上的煤气灯

事实证明，煤气灯非常受欢迎，不到 15 年，英国几乎每个大城镇，以及欧洲主要城市都有了煤气厂。1817 年，该公司的总工程师塞缪尔·克莱格

（Samuel Clegg）曾在博尔顿和瓦特任职。他在皇家造币厂建设了煤气厂，并研发了一种高效的煤气表。到 1819 年，伦敦已经敷设了约 460 千米长的管道来供应 51 000 个煤气燃烧器。到 1949 年煤气厂国有化时，该公司在伦敦共拥有 50 家煤气厂。

最初，煤气灯仅够用于在每天凌晨和黄昏时照明几个小时，但人们很快意识到，如果能储存煤气用于更多地方将会更有效率。伦敦第一个储气罐只是一个漂浮在水箱中的"钟形浮罐"。钟形浮罐上的校准标记可以显示正在制造或使用的气体量，因此这些设备在当时被称为"煤气表"（图 1-2、图 1-3）。

图 1-2　19 世纪后期煤气灯与国王十字街上的储气罐导向架

图 1-3　1829 年位于伦敦富勒姆的储气罐

煤气灯的应用，使英国大城市的夜间治安情况有了明显改善。1847年，英国皇家委员会决定，允许煤气公司跨区为公众供应煤气。为鼓励竞争和提高效率，燃气行业拉开了竞争的序幕。1861年，英国第一条较长距离的煤气管道敷设成功，开始进行管输业务。同时开启了煤气行业更大范围的竞争。煤气总管通常由铸铁制成，当时的气体处于中等压力下。英国煤气市场在19世纪开始增长，分销和煤气厂也随着需求增长。管道使用了新材料，包括麻布包裹的镀锡钢板、钢管和铸铁，采用承插式接头，并用熔铅密封。

20世纪20年代末，焊接技术诞生，燃气管道建设随之进入飞速发展时期。1925年，英国建成世界第一条焊接钢管输气管道。

第二次世界大战结束后，英国百废待兴，为了快速恢复经济实力，增强国际竞争力，英国政府决定对燃气行业进行政府垄断管理和经营。1948年，英国政府颁布了《燃气法案》，成立英国燃气理事会（BGC），开始进行燃气工业国有化。

1965年，英国石油公司（BP）在北海发现天然气，英国本土拥有了自身稳定的天然气供应，英国燃气工业由煤制气向天然气转型，成立了英国燃气公司（BG）。1967—1978年，英国燃气公司进行了大量天然气管网及配套设施的建设与替换，完成了高压长输管线以及LNG接收站等一系列重要基础设施建设，奠定了中游垄断地位的基础。1967—1977年，超过4000万台器具被改装，英国燃气公司花费了5.63亿英镑，基本完成了全国范围的天然气基础设施建设。

1967年，当时的英国燃气理事会宣布开始进行为期10余年的国内燃气设施置换和改建、扩建工作。

1967—1987年，英国天然气管道长度的年均增速超过27%，1987年的天然气干线管道长度达到1.14万千米，基本完成了全国布局联网；之后20年的年均增速不到3%。近10年时间，英国的天然气管道建设基本饱和，几乎没有新建大型天然气干线管道。1967—2016年，英国天然气年均消费量从13亿立方米增加到720亿立方米（其间年消费量最高可达974亿立方米）。

对应其管道建设的周期统计，1967—1987 年英国天然气消费量的年均增速为 20.5%，1987—2007 年的年均增速为 2.6%；2007—2016 年出现负增长，年均消费量递减 2.5%。由此可见，英国天然气消费量增长趋势与管道建设发展趋势基本同步。

1986 年，英国政府颁布了《天然气法案》，根据此法对英国天然气公司进行股份制改革，在伦敦股票交易所挂牌出售英国燃气公司的所有资产。为了国有利益最大化，英国燃气公司未被拆分仍作为一个整体打包出售，出售总价为 130 亿美元。股改后的英国燃气公司更名为英国天然气股份公司，享有英国资费市场 25 年的特许经营权。股改后的英国燃气公司不仅受政府相关部门监督，同时也受到英国证券投资委员会（成立于 1985 年，1997 年改组为英国金融服务管理局）、伦敦股票交易所，以及近 200 万名股东的监督。经营目标调整为实现企业和股东收益最大化。

英国燃气公司股改后，政府无权直接控制公司的运营，同时由于引入新的市场参与者，英国政府决定建立独立的天然气行业监管机构。1986 年，天然气供应办公室（Ofgas）成立，其受英国能源部的领导，负责人由能源大臣任命，具有对行业进行独立监管的权力。天然气供应办公室的主要职责是负责天然气供应安全、用户权益保障、促进行业理性竞争、促进资源合理利用、履行企业社会义务。1999 年，天然气供应办公室和电力监管办公室职责合并，成立天然气和电力市场办公室（Ofgem）。

2015 年，英国天然气输配管网发生了变化，英国燃气公司，即国家电网公司将其管辖的 8 个区域天然气输配网络中的 4 个出售，并受到国家的高度监管。此后，英国国家电网公司仍独家拥有英国天然气长输管道设施，输配网络运营商由 4 个不同的所有权集团全面拥有，分别是南方天然气管网公司（SGN）、北方天然气管网公司（NGN）、Cadent 公司、威尔士和西部公用事业公司（WWU），北爱尔兰地区则由独立运营商管理。

# 二、建设与管理

## （一）建设情况

### 1. 长输管道

在英国，国家天然气长输管道系统（NTS）由英国国家电网管理，共有 9 个接收点，包括 LNG 接收站、海底管道登陆点等，全长 7 660 千米；管网压力最大达到 85 巴（1 巴=10⁵ 帕斯卡）；管道直径 600 毫米，共有 23 个压气站，175 个分输点，包括工业用户和分输管网。

国家长输管网并不直接给家庭输送天然气，而是通过天然气分输输配商、主要工业场所或发电厂等其他大型天然气消耗主体，热电联产（CHP），一些主要高耗能产业，以及生物甲烷、小型气体发生器、页岩气和压缩天然气等低流量气体用户输送气体。

自 2004 年以来，英国一直是天然气净进口国。2019 年其消费量为 7 430 万吨油当量。2019 年进口量占需求的 50%。约 61% 来自管道（主要来自挪威），其余 39% 以液化天然气（LNG）的形式到达，主要来自卡塔尔、俄罗斯和美国。

在到达气体分配网络之前，长输管道气体必须通过减压站冷却至 40℃，然后输送到低压场所储存，以确保始终有气体可供客户使用。低压管道的尺寸根据最终用户而有所不同：工业用气体通过直径 600 毫米的管道输送；商业用气体通过直径 300 毫米的管道输送；在地方一级，气体通过直径 20～180 毫米管道输送。

截至 2019 年，英国天然气管道总长约为 13 500 千米，其他沿海天然气处理终端、储气库、LNG 接收站等基础设施配置完备。英国长输管道情况见图 1-4。据燃气工程师和管理人员协会统计，英国天然气长输管道系统包括 6 600 千米高压长输管线、6 个近海接收站、180 个门站、24 个加压站、2 个液化天然气港口。

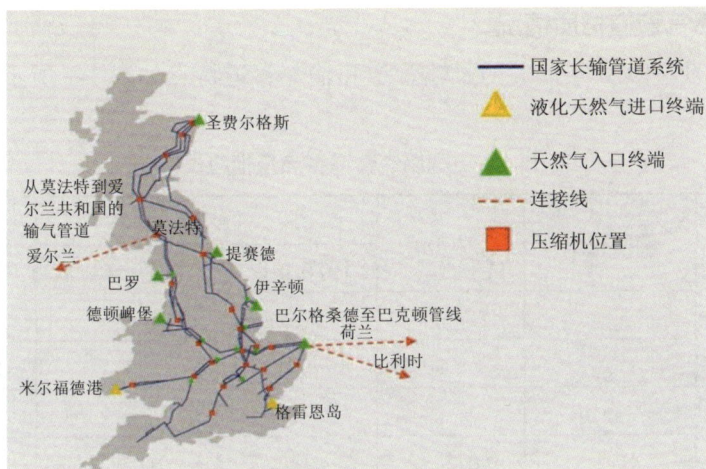

图 1-4　英国长输管道区域

## 2. 输配管道

英国输配管道包括 12 个分输区域，共 145 000 千米，最大运行压力 38 巴。英国输送系统中：管线总长 28 万千米、提供能源 708 万亿瓦/小时、资产总值 94 亿英镑。输配管道由 4 家管道运营商敷设和维护管理，如图 1-5 所示。

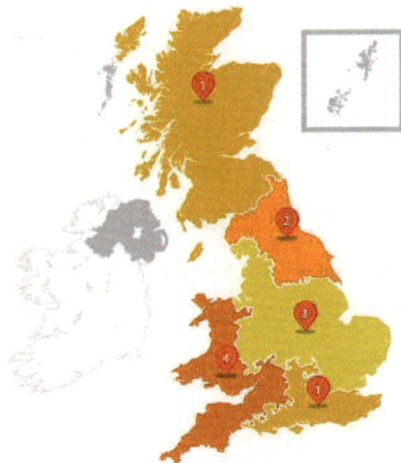

图 1-5　英国输配管道区域

### 3. 燃气管道材质情况

在英国，1970 年前后的长输管道和输配管道特点如表 1-1 所示。

**表 1-1　英国燃气管道特点及相应长度**

| 管道分类 | 管网构成 | 压力/bar | 材质 | | 长度/km |
| --- | --- | --- | --- | --- | --- |
| | | | 1970 年以前 | 1970 年以后 | |
| 长输管道 | 长输 | 70～94 | 高强钢 | | 7 600 |
| 输配管道 | 高压 | 7～30 | 高强钢 | | 12 000 |
| | 中高压 | 2～7 | 钢 | HD 聚乙烯 | 5 000 |
| | 中压 | 0.075～2 | 铁 | MD 聚乙烯 | 30 000 |
| | 低压 | <0.075 | 铁 | MD 聚乙烯 | 233 000 |
| 用户管道 | 与建筑物内部连接 | <0.075 | 铜 | MD 聚乙烯 | 255 000 |

注：2010 年 Transco 数据估计。Transportation ten year statement 1999. UK：Reading，1999。

燃气输配管道是为燃气长输管道和用户管道中的燃气分配而设计的。这些管道用于低压（LP）、中高压（MP）和中压（IP）气体供应。GIS/PL2 规定的聚乙烯（PE）管道与原有的管网系统兼容，可以用于输送燃气，PE 直管长度分别为 6 米和 12 米，盘管长度分别为 50 米和 100 米（表 1-2）。

燃气管道压力测试应遵守第 5 版《气体输配用钢和聚乙烯管道》（IGEM/TD/3）的要求，本标准适用于中高压不超过 10 巴的管道（天然气）。此外，装置必须符合 1998 年英国政府颁布的《气体安全（装置及使用）条例》。管道必须不小于系统的最大稳态压力，并且管道的结构必须适合给定的敷设条件。各种 ISO/CEN 工作组考虑了应用于确定聚乙烯气体系统最大工作压力的设计因素。这是根据应力破裂试验数据外推得到的以兆帕为单位的 50 年环向应力预测下限。在英国，聚乙烯管道 MDPE 被归类为 MRS8，HDPE 被归类为 MRS10，这两种类型的聚乙烯分别被称为 PE80 和 PE100。

表 1-2　英国常规燃气输配管道产品参数

| 产品范围概述 | 说明 | 标准/批号 | 材质 | 尺寸范围/mm |
|---|---|---|---|---|
| 黄色管道 | MDPE 管道，用于 5.5 bar 的加压气体供应 | 《天然气和适用的人工燃气输送用聚乙烯管道和配件规范　第 2 部分：压力不超过 5.5 bar 的管道》（GIS/PL2-2） | 聚乙烯 | 16～180 |
| | HDPE 管道，用于 2 bar 的加压气体供应 | | 聚乙烯 | 250～800 |
| 橘色管道 | HDPE 管道，用于 7 bar 的加压气体供应 | 《天然气和适用的人工燃气输送用聚乙烯管道和配件规范　第 8 部分：压力不超过 7 bar 的管道》（GIS/PL2-8） | 聚乙烯 | 75～630 |
| 电熔接头 | 电熔接头带有条形码系统，可快速方便地连接 | 《天然气和适用的人工燃气输送用聚乙烯管道和配件规范　第 4 部分：电熔管件》（GIS/PL2-4） | 聚乙烯 | 20～800 |
| 龙头配件 | 用于电熔和电熔连接的全系列长插管配件 | 《燃气输送用塑料管道系统——聚乙烯（PE）》（EN1555） | 聚乙烯 | 32～180 |
| 凹槽配件 | 用于电熔和电熔连接的加长接头 | 《燃气输送用塑料管道系统——聚乙烯（PE）》（EN1555） | 聚乙烯 | 63～800 |
| 配件 | 用于输送气体的支承环和垫片 | 《弹性密封件　输送气体和液态碳氢化合物的管道和配件用密封件的材料要求》（BS EN 682） | NBR，GMS | 63～315 |

聚乙烯管道的最大工作压力是根据英国天然气工业标准将安全系数应用于 MRS 值来确定的。气体总管和用户管道的设计和安装应符合 1996 年《管道安全条例》（PSR）的规定。1996 年《管道安全条例》没有具体规定应该敷设多深的干线。然而，这些法规得到了健康与安全委员会 1996 年《管道安全条例指南》的支持。这些出版物参考了气体工程师学会的指南《气体输配用钢和聚乙烯管道》（IGEM/TD/3）和《聚乙烯（PE）和钢制气体设备和用户管网》（IGME/TD/4），其中规定了气体管道和服务应敷设的最小覆盖深度，以尽量降低第三方意外损坏的风险。

## （二）管理情况

### 1. 管理单位

在英国，与石油、天然气勘探和生产有关的监管机构是商业、能源和工业战略部（BEIS）。其负责制定能源和气候变化减缓政策，并为实现政策目标建立框架。商业、能源和工业战略部的海洋石油环境与退役监管部门（OPRED）负责批准海上石油和天然气设施及管道的退役方案，以及执行适用于海上石油和天然气活动的环境立法。该部门于 2023 年 2 月被拆分为商业和贸易部（DBT）、能源安全和网络部（DESNZ）以及科学、创新和技术部（DSIT）。国家安全和投资政策的责任已经给了内阁府。

环境署（EA）是英国所有陆上油气作业的环境监管机构。

石油和天然气管理局（OGA）成立于 2015 年，接管了商业、能源和工业战略部根据 1998 年《石油法》承担的许多法定职责。该局负责石油许可（包括陆上和海上）；上游油气行业的监管，包括最大化经济复苏（MER）制度；管理上游油气基础设施的第三方准入制度；海上天然气储存和二氧化碳储存许可。

健康与安全执行局（HSE）负责执行健康和安全立法。英国燃气行业现已全面贯彻执行局体系，它的最终目标是达到实现雇主辨识风险并且采取切实的措施处理风险。

天然气和电力市场管理局（GEM）下属的天然气和电力市场办公室负

责监管下游天然气市场，特别是垄断的天然气长输管道和输配管网。天然气和电力市场办公室还在执行适用于下游天然气基础设施的第三方准入制度方面发挥作用。

### 2. 安全管理制度

（1）管道完整性和安全评估管理

英国《管道法》规定管道运营公司要保证管道安全。管道投入使用前，管道公司应向监管部门提供安全运行方案，获得批准后必须按此方案严格执行。

管道一旦投入运行，运营公司须负责管道安全的所有问题，具体做法是实施管道完整性管理，即为保持管道完好和正常运行开展管理工作。此项工作包括四个步骤，即数据采集、完整性分析（主要包括风险分析和风险评价等）、完整性决策、检查与维护，然后再进行数据更新，持续循环，旨在使管道始终处于完好状态。

英国 2012 年发布的《陆上和海底钢制管道完整性管理实践准则》（BS PD 8010-4）包含陆上和海洋输油气管道的完整性管理流程、工作内容和相关管理要素，特点是提出了设计应考虑完整性管理、应保证完整性管理工作的资源和人力投入等方面要求。

在安全评估管理方面，在 1997 年，英国的 Andrew Palmer and Associates（现为 Penspen 公司）请求三家英国公司［Transco（现为 National Grid Transco）、Total 和 BP］支持一个名为"缺陷评估手册"的项目，成为描述评估管道缺陷的最佳做法。1997 年，发布了一个简本。随后，项目范围扩大，其他发起人加入该项目，最终制定了《管道缺陷评估手册》（PDAM），并于 2003 年发给赞助商。这是第一份为管道行业提供各种管道缺陷评估的最佳实践的文件。

《管道缺陷评估手册》是对可用管道缺陷评估方法的全面、关键和权威的审查，包括汇编已发布的全尺寸测试数据和用于开发和验证现有缺陷的评估方法。全面的测试数据用于评估缺陷评估方法的准确性，并确定"最佳"方法（考虑相关性、准确性和易用性）及其适用范围。《管道缺陷评估手册》描述了评估特定类型缺陷的"最佳"方法，定义了必要的输入数据，给出了该方法的局限性，并定义了适当的因素来解释模型的不确定性。

《管道缺陷评估手册》包含评估以下类型缺陷的指南：无缺陷管道、腐蚀、普通凹痕、扭结凹痕、焊缝上有平滑的凹痕、含有凿痕的光滑凹痕、包含其他类型缺陷的光滑凹痕、管体制造缺陷、环焊缺陷、缝焊缺陷、裂化、环境开裂等。此外，还指导处理缺陷之间的相互作用（导致爆破强度降低）和评估管件（管道、配件、弯头等）中的缺陷。还就预测缺陷在失效时出现的状况提供了指导，包括泄漏或破裂以及断裂扩展。在导轨的开发中考虑了以下类型的载荷：内部压力、外部压力、轴向力和弯矩。

（2）国家地下资产登记平台

2019 年，英国地理空间委员会开始建立一个数字服务系统——国家地下资产登记平台（NUAR），用于共享地下管道和电缆位置的数据（图 1-6 和图 1-7）。

图 1-6　国家地下资产登记平台显示情况

图 1-7　国家地下资产登记平台的用户界面

国家地下资产登记平台是一项由政府主导的计划，旨在通过创建一个关于地下资产位置和状况的单一、全面的数据共享平台来实现更有效的信息交换，以帮助电信、能源和供水公司等权属单位以及地方当局与授权用户安全地共享其现有的地下资产数据。这是一种安全的数据共享服务，将为给定位置的地下资产提供交互式、标准化的数字视图。其根本目的是简化数据共享过程，降低风险，并更有效地促进地下资产管理和维护，最终实现能随时进行安全挖掘并提高挖掘效率，更好地进行后期场地规划和及时进行数据交换的目的。国家地下资产登记平台将提供一个一致的、交互式的、埋地资产数据的数字地图供相关人员使用。国家地下资产登记册将有助于提高建设和开发效率，减少中断（因长期封路和拥堵）和经济损失，并保障工人的安全。

2019 年，地理空间委员会通过为期 12 个月的本地试点，与该行业开展了第一次活动。这些试点集中在英格兰东北部和伦敦。2021 年 9 月，开始了为期 3 年服务的构建阶段。从英格兰东北部、威尔士和伦敦开始，到 2024 年秋季将在北爱尔兰和英格兰其他地区完成。在英格兰东北部，是利用当地 2018 年创建的东北地下基础设施中心（NEUI Hub）数据系统；在伦敦，是利用当地发达的公路设备数据交换系统（HADES）。资产所有者和供应商之间已经开始签署数据共享协议，这将开始转换数据并将其加载到平台上。还为数据发布制定了一个新的持久法律框架，概述了可以访问国家地下资产登记网站上的数据。这是确保国家地下资产登记在全国推广的关键一步。2022 年 4 月，地理空间委员会就当前的工作方式、潜在的立法改革需求，以及国家地下资产登记未来的运营模式征求了意见。

当前主要是依据《新道路和街道工程法（1991 年）》，规定了与地下资产相关的数据共享的要求。权属单位必须将其数据免费提供给在高速公路网络周围开展工作的某些公司或机构（称为法定承办商）。

（3）净零排放战略

2021 年 10 月 19 日，英国发布了《净零战略：更环保地重建》的报告，阐述了英国的净零排放战略，计划到 2035 年，不再出售新的燃气锅炉，旨在大幅减少温室气体排放，到 2050 年实现净零排放的目标。该目标将要求英国到 2050 年将所有温室气体排放量降至净零，而此前的目标是在 1990 年的水平上至少减少 80%。

2020 年 11 月，英国发布《绿色工业革命十点计划》，在实现净零排放方面走在了世界前列。该计划介绍了英国政府为实现 2050 年温室气体零排放目标拟采取的十项重要举措。

下面以伦敦燃气管道管理公司的 Cadent 和 SGN 公司为例，从燃气管道安全管理的角度出发，探讨如何减少碳排放。

①SGN 公司的低碳管理措施包括 "Gas Goes Green Pathway" 协调氢方案和活动、制订包括氢和生物甲烷在内的热脱碳推广计划和开发热网多样化方案。2017 年，SGN 公司启用了每小时 16 650 标准立方米（scmh）的生物甲烷产能连接到输配网络。经测算，SGN 公司在 2019—2020 财政年度总共排放了 800 801 tCO$_2$e（吨二氧化碳当量），同比减少了 10%。到 2050 年前不断减少使用天然气，并逐渐增加使用氢气和生物甲烷，主要类型因地而异。目前，把任何可持续和低碳气体的来源都称为 "绿色" 气体，当前大多数焦点都围绕生物甲烷。生物甲烷来源于厌氧消化产生的沼气。在这

个过程中，有机物质在缺氧的情况下被分解，产生沼气和消化物，是一种营养丰富的肥料（图 1-8）。

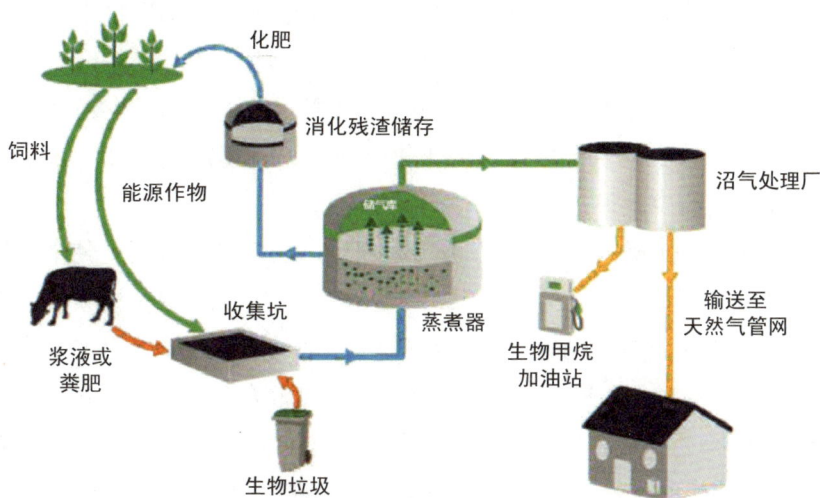

图 1-8　SGN 公司使用厌氧消化与农场原料生产沼气及输入管网的过程

注入天然气管网的生物甲烷是通过对厌氧消化或气化过程产生的沼气进行清洁和升级而产生的。在注入天然气管网前，生物甲烷可能需要由沼气生产商添加丙烷，以确保其具有所需的能量含量。为了确保生物甲烷符合天然气管网的要求，需在生产商的管网入口设施，检查其气体质量和能量含量，然后进行计量和加臭，使其具有特有的气味。在注入天然气管网前，生物甲烷必须卖给天然气托运商。天然气和电力市场办公室可提供具有资质的气体托运商的详细资料。

生物甲烷生产商将在 SGN 公司功能设计规范（SGN/SP/BIO/2）的指导下安装管网入口设施。

②Cadent 公司的脱碳计划包括通过将黄色聚乙烯管道插入老旧铸铁管道来提供管道更换计划和将单乙二醇（MEG）注入管网，以减少管道接头膨胀造成的泄漏。在金属管网中，有很大一部分铸铁管道使用铅砂接头。这些接头可能会变干并导致泄漏，使用单乙二醇进行处理，可使接头膨胀来降低气体泄漏的概率。

Cadent 公司在生物甲烷脱碳措施中，已经成功地将 42 个生物甲烷设施连接到管网中，这些设施每年可为多达 268 117 个家庭提供取暖所需生物甲烷。目前，伦敦地区的生物甲烷公司设置在达格南。像生物甲烷这样的可再生气体可以直接注入现有的输气管网，客户不需要对取暖或做饭用具做任何改变。虽然可再生气体含有与天然气相同的甲烷分子，但其可持续生产并可显著减少温室气体排放。未来，还可以利用碳捕获技术来抵消可再生气体产生的少量排放。

目前，Cadent 公司正在积极实施项目，在现有的管网中使用氢气。输配管网更换铸铁管道计划可以帮助未来使用氢气。这些转换项目旨在探索家庭和企业从天然气向低碳氢过渡的所有方面（包括技术、安全、社会经济和消费者影响），计划将氢先以 20% 的浓度混合到管网中，然后再完全过渡到 100%。公司在英国西北部埃尔斯米尔港惠特比村实施了"氢村"（hydro village）转换项目，以对一些城镇使用氢能进行初步可行性研究。

（4）更换天然气铸铁管道计划

自 19 世纪 70 年代开始，英国国家电网制定了一项全国范围内城镇燃气输配管网（主要针对铸铁管道）全面退役的计划，目的在于减少城镇燃气输配管网的泄漏事故，尤其是减少可能导致火灾和爆炸事故的燃气泄漏。

1996 年，英国《管道安全条例》（第 13A 条）要求每个燃气运输商拟备一份计划，列明在指定期间内即将退役的危险铸铁管道的长度。该计划不会确定管道的具体位置，但会按照优先顺序列出需要退役的管道。

2001 年，英国健康与安全执行委员会出台了英国城镇燃气铸铁管道全面更换的管网改造计划，要求在 30 年内将距离建筑物 30 米范围内的铸铁管道全部更换完毕，为此建立了风险评价体系，对全国范围内的铸铁管道进行风险评价，并基于每根管道具体风险值制订、实施管网维修、改造计划。

截至 2005 年 4 月，在建筑物周围 30 米范围内仍有约 9.3 万千米的天然气铸铁管道，导致 2004 年发生约 11 500 起断裂和腐蚀故障，以及约 940 起建筑物中的漏气事件。2004 年 1—12 月，住宅区发生了两次因管道泄漏而发生的重大气体爆炸事件，一次是燃气干管泄漏，另一次是钢制用户管道泄漏，幸运的是没有人员伤亡。执行委员会致力于确保将燃气干管故障对公众造成的风险降至最低，并停用铸铁燃气干管。

英国健康与安全执行委员会2013—2021年更换铸铁管道的执行政策是替换三种不同直径的管道，三种管道直径分别为：第1层：8英寸（约203.2毫米）及以下（约占"有风险"铸铁管道的80%）；第2层：8英寸以上和18英寸（457.2毫米）以下（约占"有风险"铸铁管道的15%）；第3层：18英寸及以上（约占"有风险"铸铁管道的5%）。

这种方法更多地关注风险，并且只有在条件及风险评估或工程判断表明合理的情况下，更大直径的"有风险"铸铁管道才会被替换。运营商可以更灵活地利用创新解决方案，例如更换管道或延长管道寿命的管道内衬技术，它考虑到与该计划相关的效率、环境和可靠性优势。

经过多年的发展，伦敦国家电网为维多利亚时期的燃气铸铁管道替换工程制定了"伦敦供应战略"。它是一个为期15年的项目，涵盖RIIO—GD1和RIIO—GD2（2013—2029年），旨在更换该市维多利亚时期就使用的中压金属管道，并建立一个强大的中压管网，运行压力为2巴。RIIO—GD1的费用在5 000万英镑左右。这些市中心的大型管道大多有100多年的历史，并且靠近国家的一些重要地标和建筑。图1-9显示了2015—2020年实施更换管道的地方。RIIO—GD1的范围包括：更换28千米MP管道；主管道需要穿越泰晤士河隧道；更新7个减压安装地点（基坑调压器），其中一个位于海德公园；修复40个大口径阀门。

图1-9 伦敦主要煤气管道更换工程

注：黄色线段为已完成的工程线路，粉色线段为2015—2020年实施的工程线路。

到 2016 年，国家电网已经成功更换了伦敦超过 9 千米的金属管道，包括伦敦的国王路、切尔西区和格雷沙姆街。

在项目实施过程中，国家电网与地方政府保持沟通，并在整个项目中征求他们的意见，包括：与当地社区和企业讨论拟议工程；与伦敦交通局和伦敦当地自治市议会合作，商定道路封闭、改道路线和交通管理计划；与皇家切尔西医院和伦敦旺兹沃思自治市合作，就拟议的泰晤士河隧道穿越达成一致；与泰晤士河潮汐隧道项目合作，确保在切尔西堤防周围的类似地区采取协调的方法；与当地医院合作，确保在室外施工期间提供替代燃料。

在伦敦供应战略 RIIO—GD1 项目完成后，RIIO—GD2 项目将替换 24 千米的管道，以进一步降低与维多利亚时期的金属管道相关的工艺安全风险。这些项目将提供重要的基础设施，以支持伦敦的经济增长，帮助其保持作为 21 世纪领先城市的地位。

（5）干线风险优先方案

英国的城镇燃气管网改造计划在实施过程中，需要不断收集相关数据，并引入新理论、新技术和新设备，持续优化和改进下一阶段具体实施的城镇燃气管网改造方案。目前，英国四大燃气公司采用的最新理论是由德劳工业服务公司提出的干线风险优先方案（MRPS）。

MRPS 理论设置了两个评价体系：状况分值（Condition Score）评价体系和风险分值（Risk Score）评价体系。状况分值评价体系主要用于预测城镇燃气管道未来发生燃气泄漏的概率；风险分值评价体系主要用于预测城镇燃气管道未来发生火灾或爆炸的概率。

目前，英国四大燃气公司处于 MRPS 理论应用的初级阶段，主要应用状况分值评价体系，根据城镇燃气管网相关信息建立了城镇燃气管网泄漏预测模型（MRPS—CS 预测模型），并根据模拟结果制定城镇燃气管网（主要针对铸铁管和钢管）改造方案。

英国以 2007 年为时间设定点，采用 MRPS—CS 预测模型对英国某一敷设金属燃气管道区域的 3 600 条燃气管道进行了模拟预测，预测结果为在 2008 年该区域可能发生 899 起燃气管道泄漏事故。该区域 2008 年实际发生的燃气管道泄漏事故为 888 起。由此可见，MRPS—CS 预测模型具有极高的预测精度。根据真实信息对预测曲线进行修正后，预测曲线的预测结果更加贴近真实值。

### 3. 安全管理措施

（1）管道设施周边土地规划安全

英国健康与安全执行局在 1972 年首次向土地规划部门提供土地规划的咨询建议，后来形成英国的《城乡规划法》。欧盟将英国经验推广到整个欧盟地区，于 1996 年发布了《控制涉及危险物质的重大事故危害》（96/82/EC）。其首要目的是希望通过有效控制危险化学品，如燃气、石油等设施周边居住人员的密度增长，以减轻发生重大事故的后果。

《城乡规划法》中明确运输危险化学品的管道建设需要获得当地危险物品监管局（HSA）的许可（一般是当地的土地规划部门），同时健康与安全执行局是《城乡规划法》要求的所有危险化学品设施用地申请的咨询部门。

按照法定义务，地方政府土地规划部门在进行土地规划时需向健康与安全执行局咨询距离问题和接收对土地开发方案的建议。健康与安全执行局将从重大事故风险的角度对规划许可给出"建议反对"或"不建议反对"的结论。如果开发方案任一开发类别被判定为"建议反对"，整体土地开发方案也将被判定为"建议反对"。

英国健康与安全执行局在运输危险化学品的管道周围设定了"咨询距离"（consulting distance，CD），该距离通过风险评估和重大事故的影响评估来确定。"咨询距离"是一个基于目前科学认知水平和工业发展程度而确定的距离，随着知识的更新和工业的发展，该距离也会不断进行调整。"咨询距离"通常是通过对设施或管道的风险和/或危害进行详细评估来确定的，其中考虑了以下因素：场所获得有害物质许可的有害物质的数量以及存储和/或处理的详细信息；涉及可能存在的有毒和/或易燃和/或其他有害物质的重大事故的危险范围和后果。重大灾害的风险和危害在内部区域最大，因此这个内部区域的开发限制最严格。"咨询距离"包括所有区域所包围的土地和设施本身。

英国健康与安全执行局收到土地规划部门最终批准的用地申请后，会开展详细的风险评估，在管道两侧确定"咨询距离"，包括三个区域或三个风险等高线。通过定量风险分析结果确定三个不同风险区域的距离。风险采用"危险剂量"的概念，单位"危险剂量"指可能造成所有人的潜在影响或威胁、大量的人员需要医护治疗、部分人员需要住院治疗、少量死亡（约 1%）。评估时需考虑敏感性水平及开发方案所处的区域，即内部区域、中部区域及外部区域（图 1-10）。

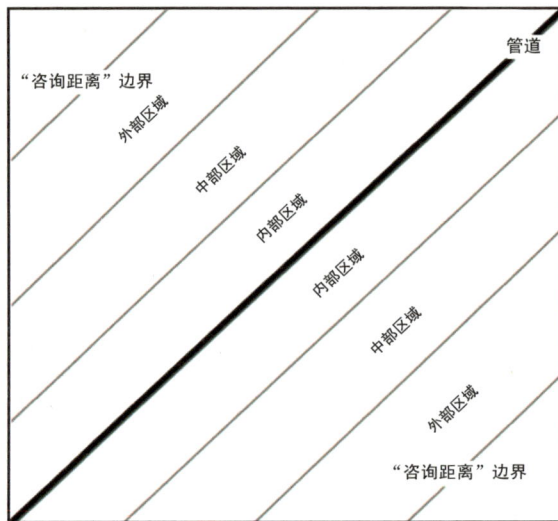

图 1-10  管道设施周边咨询分区示意图

内部区域、中部区域和外部区域的量化风险水平如下：

内部区域（IZ）边界为 10 cpm（chance per-million，每百万）个人风险等高线内，即 $1×10^{-5}$/年的可能性承受单位"危险剂量"。

中部区域（MZ）边界为 1 cpm（chance per-million，每百万）个人风险等高线内，即 $1×10^{-6}$/年的可能性承受单位"危险剂量"。

外部区域（OZ）边界为 0.3 cpm（chance per-million，每百万）个人风险等高线内，即 $3×10^{-7}$/年的可能性承受单位"危险剂量"。

敏感性水平的确定主要考虑两个参数：①开发方案中引入的人员数量及敏感程度（敏感类人群比例，如孩童、老人、病人等）。②开发方案的规模。

英国健康与安全执行局对于每一类土地开发给出了具体的示例、不同开发规模的敏感性水平和判断的方法，典型的敏感性水平举例如下：敏感性水平 1 级，如工厂；敏感性水平 2 级，如住宅；敏感性水平 3 级，如老年公寓、学校；敏感性水平 4 级，如大型医院、足球场馆。

基于不同的敏感性水平和开发方案所处的区域，健康与安全执行局的建议矩阵见表 1-3。

表 1-3　英国健康与安全执行局对管道规划距离的建议

| 敏感性水平 | 内部区域 | 中部区域 | 外部区域 |
|---|---|---|---|
| 1 级 | 不建议反对 | 不建议反对 | 不建议反对 |
| 2 级 | 建议反对 | 不建议反对 | 不建议反对 |
| 3 级 | 建议反对 | 建议反对 | 不建议反对 |
| 4 级 | 建议反对 | 建议反对 | 建议反对 |

英国健康与安全执行局会将最终确定的"咨询距离"通知递至土地规划部门，所有涉及"咨询距离"之内的建设用地申请（特别是可能增加区域内人口密度的建设用地申请），土地规划部门都必须向英国健康与安全执行局进行咨询。

土地规划部门必须在开展土地规划和批准建设用地申请时考虑健康与安全执行局的建议。但健康与安全执行局在建设用地审批过程中仅承担顾问角色，无权拒绝任何一项建设用地申请，只是在某一类特定的建设用地申请获得批准前介入，但也仅作为顾问给出建议。土地规划部门最终可能没有接受健康与安全执行局"建议反对"而批准某项用地申请，健康与安全执行局也不会进一步提出复核要求。除非在某些特殊的情形下，健康与安全执行局认为该建设项目的风险足够高，将可以要求国务大臣介入以重新考虑该用地申请。

（2）应急消防安全

英国 1996 年《管道安全条例》将运输危险流体的管道称为重大事故隐患管道（MAHPs），常见的重大事故隐患管道有运输石油、天然气、丙烯腈等的管道。该条例第 25 条对地方当局和管道运营企业提出了若干要求，包括但不限于制订应急计划，并至少每三年进行一次审查，提供重大事故隐患管道的详细信息，以便为重大事故隐患管道制订详细的应急计划。

英国健康与安全执行局 1997 年《关于重大危险事故隐患管道应急方案的进一步指导意见》要求，管道运行企业需要确定并提供管道危害范围及管道应急计划距离给当地应急救援部门以便制订详细应急救援方案。

英国陆上管道运营商协会（UKOPA）负责为管道企业提供交流平台，通过该平台可以有效地影响管道相关法律、标准的制定及提供优秀的管理实践供成员企业参考。

油气管道发生泄漏后可能导致火灾热辐射、有毒气云、抛射碎片、噪声及冲击波超压等后果。管道危害距离的制定应考虑管道失效后最严重的情况，管道运营企业人员到达现场后可依据现场情况及专家建议进行动态调整。英国管道危害距离主要包括三类，即热辐射伤害范围（应急计划距离）、应急危害距离（初始警戒线）和应急指挥区（外围警戒线）。

①热辐射伤害范围（应急计划距离）。

热辐射伤害范围是管道失效后个体遭受热辐射伤害的最远距离，气体管道应考虑管道破裂的情况，液体管道应考虑管道发生孔泄漏后的液体喷射距离。对于未列入重大事故隐患管道的液体管道，当地应急救援部门也应采用该危害范围作为应急计划距离。

根据 1996 年《管道安全条例》的要求，热辐射伤害范围（应急计划距离）由管道运营企业确定并提交给当地应急救援部门，应急救援部门依此为重大事故隐患管道制订详细的应急救援方案，并且管道运营企业可依据当时现场情况及专家意见对此距离进行调整。

Transco 公司针对农村地区（R 区）和城乡郊区（S 区）的天然气管道提交给当地应急救援部门热辐射伤害范围，表 1-4 以城乡郊区（S 区）为例提供热辐射伤害范围。

②应急危害距离（初始警戒线）。

应急危害距离是在管道热辐射伤害距离（应急计划距离）的基础上乘以安全系数。一旦管道发生破裂，需在第一时间划定应急危害距离（初始

警戒线），非事故处理人员严禁入内。管道企业人员到达现场后可根据现场
实际情况及专家意见调整该距离。

表 1-4　天然气管道（运行压力不超过 7.5 MPa）的热辐射伤害范围

| 失效类型 | 管道直径/mm | S 区热辐射伤害范围 | |
| --- | --- | --- | --- |
| | | 运行压力/MPa | 伤害范围/m |
| 0～25 mm 孔泄漏 | 所有管径 | 7.5 | 5 |
| | | 4.0 | 5 |
| 25～75 mm 孔泄漏 | 所有管径 | 7.5 | 29 |
| | | 4.0 | 18 |
| 75～150 mm 孔泄漏 | 所有管径 | 7.5 | 60 |
| | | 4.0 | 33 |
| 破裂 | 168 | 7.5 | 80 |
| | | 4.0 | 55 |
| | 324 | 7.5 | 90 |
| | | 4.0 | 70 |
| | 457 | 7.5 | 126 |
| | | 4.0 | 90 |
| | 610 | 7.5 | 165 |
| | | 4.0 | 130 |
| | 762 | 7.5 | 230 |
| | | 4.0 | 190 |
| | 914 | 7.5 | 250 |
| | | 4.0 | 205 |
| | 1 067 | 7.5 | 250 |
| | | 4.0 | 215 |
| | 1 219 | 7.5 | 315 |
| | | 4.0 | 225 |

　　天然气管道发生泄漏失效后，依据是否着火及何时着火会导致一系列
不同的事故后果。立即燃爆形成的热辐射伤害是最严重的。如果没有着火，
应采取必要的措施确保在可燃浓度范围内没有引火源。可燃气云的范围与

泄漏的压力、泄漏的方向、大气条件等有关，往往难以预测。推荐的应急危害距离（初始警戒线）如表 1-5 所示。

表 1-5　天然气管道应急危害距离（初始警戒线）

| 管径与运行压力 | 应急危害距离（初始警戒线）/m |
|---|---|
| 1 219 mm 且＞7.0 MPa | 900 |
| ＞610 mm 或＞4.0 MPa | 750 |
| ≤610 mm 或≤4.0 MPa | 500 |

③应急指挥区（外围警戒线）。

如需设置应急指挥区进行应急工作的协调指挥，例如应急物资的调配，建议在应急危害距离（初始警戒线）外围适当位置设置，管道运营企业和当地应急救援部门可依据现场情况联合确定。应急指挥区的设定与管道的输送介质和运营压力有关。

（3）管道压力的安全保证

为保证燃气压力满足用户要求，英国燃气公司首先从设计上建立了完备的制度，所有的新装用户在申请时，均要进行一套完整的压力计算，保证压力和流量满足要求。如果用户压力不能满足要求，燃气公司将对现有管网进行改造，增大管径或通过 PE 管穿管等方法以提高管道输送能力。对于一些大型用户，如电厂等，设置了专门的压力流量监控系统，实时监测其压力和流量情况，同时可以通过该系统，对用户进行 24 小时的压力和流量情况预测，一旦压力流量不能满足要求，及时根据应急预案进行处置。

（4）调压器出口压力设置

对于中低压调压器，英国燃气公司一般在调压器上面安装时钟装置，根据用气高峰和低谷，设置不同出口压力，即高峰时段出口压力高，低谷时段出口压力低，这样可以使低压管网压力在满足用气需求的情况下在较低压力下运行，降低低压管网泄漏的风险。国家电网对该系统进行了改进，采用更新的自适应系统来控制出口压力，采用电脑程序控制出口压力，即每天的出口压力变化曲线根据前一天用户用气情况进行调整，这样可以更好地实现在管道压力尽可能低的情况下保证用户用气需求。据国家电网估计，采用该系统后，每年的低压燃气管道的漏气次数可减少一半左右。

### 4. 英国天然气管道事故率

管道事故数据统计分析是了解管道事故趋势的重要手段，可从宏观上评估管道总体安全形势，对于企业风险辨识、事故预防与减缓措施的制定具有实际意义。管道事故率已成为众多企业的量化考核指标。英国陆上管道运营商协会（UKOPA）成立于 1996 年，是一家由管道运营商成员支付会员费资助的非营利性组织。其成员公司运营的管网长度超过 27 000 千米。UKOPA 是为英国管道运营商提供有关陆上油电气管道安全管理、运营和完整性管理的战略问题的公认和权威机构，旨在有效影响管道相关立法和标准的制定和实施，以实现所有利益相关者的互惠互利，并促进管道行业的安全和最佳实践。

UKOPA 事故数据库均设置了事故数据统计标准和流程，以保证所收集数据的可用性和全面性，因定义明确，其统计数据能够反映所辖统计范围内的油气管道的安全性能，为运营商提供了一个安全基准。UKOPA 主要统计的天然气管道材质为钢管和塑料管。

据英国陆上管道运营商协会发布的《管道事故和故障报告（1962—2020）》，记录了英国陆上重大事故隐患管道（MAHPs）的事故运营经验。陆上重大事故隐患管道的概念在 1996 年《管道安全条例》中提及，包括油气电管道。该报告共记录了 1962—2020 年的 205 起管道事故，平均事故率总体呈下降趋势（图 1-11）。1962—2020 年的总事故率为 0.020 1 次/（万千米·年）。过去 20 年（2000—2020 年）的事故率为 0.007 3 次/（万千米·年）。过去 5 年（2016—2020 年）的事故率为 0.007 7 次/（万千米·年）（表 1-6）。整体和 5 年移动整体平均事故率如图 1-12 所示。

根据该报告，按照管道直径大小来统计从 1962—2020 年的事故率如表 1-7 所示，总体来说，管道直径越大，事故发生率越低。

根据统计，管道事故原因主要有外部腐蚀、外部干扰、环焊缺陷、地面移动、内部腐蚀、雷击、原始结构损伤、管道缺陷等。各类原因导致的事故数量如图 1-13 所示。

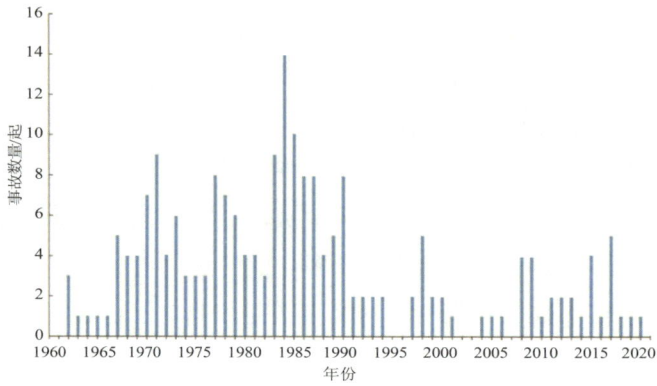

图 1-11　1962—2020 年英国管道事故数量

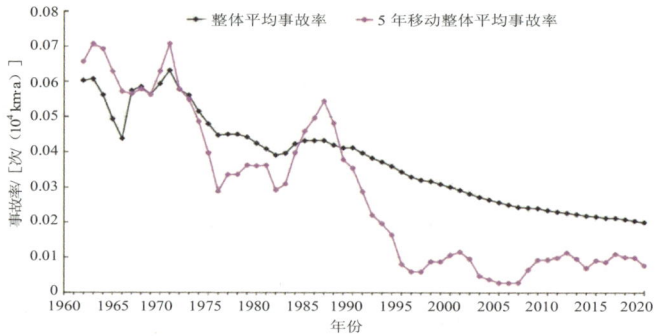

图 1-12　整体和 5 年移动整体平均事故率

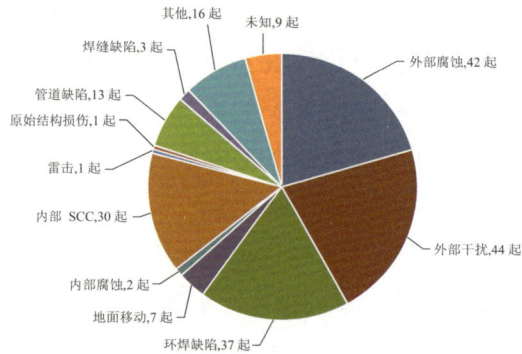

图 1-13　英国管道事故原因及数量

表 1-6　1960—2020 年英国各时段的天然气管道事故次数与事故率

| 时段 | 事故次数/次 | 总暴露/（km/a） | 事故率/［次/（$10^4$ km·a）］ |
|---|---|---|---|
| 1956—1960 年 | 0 | 2 624 | 0.000 0 |
| 1961—1965 年 | 6 | 9 535 | 0.062 9 |
| 1966—1970 年 | 21 | 33 306 | 0.063 1 |
| 1971—1975 年 | 25 | 63 036 | 0.039 7 |
| 1976—1980 年 | 28 | 77 627 | 0.036 1 |
| 1981—1985 年 | 40 | 87 167 | 0.045 9 |
| 1986—1990 年 | 33 | 93 202 | 0.035 4 |
| 1991—1995 年 | 8 | 99 233 | 0.008 1 |
| 1996—2000 年 | 11 | 103 122 | 0.010 7 |
| 2001—2005 年 | 3 | 108 741 | 0.002 8 |
| 2006—2010 年 | 10 | 107 788 | 0.009 3 |
| 2011—2015 年 | 11 | 120 123 | 0.009 2 |
| 2016—2020 年 | 9 | 116 654 | 0.007 7 |
| 总计 | 205 | 1 022 158 | 0.020 1 |

表 1-7　英国按管道直径划分的管道事故率

| 等效孔[①]尺寸等级/mm | 事故次数/次 | 事故率/［次/（$10^4$ km·a）］ |
|---|---|---|
| 全径[②]及以上 | 6 | 0.000 6 |
| 110～全径 | 2 | 0.000 2 |
| 40～110 | 9 | 0.000 9 |
| 20～40 | 24 | 0.002 3 |
| 6～20 | 30 | 0.002 9 |
| 0～6 | 134 | 0.013 1 |
| 总计 | 205 | 0.020 1 |

注：① 本书中引用的等效孔尺寸是圆形孔的直径（以毫米为单位），其面积相当于观察到的孔尺
　　　寸（通常是非圆形）。
　　② 全径=管道直径。

# 三、政策法规

英国的燃气管线管理有 100 多年的历史，政策法规是国家管理的一部分，管线管理的立法自制定开始就与其他法规紧密结合。

## （一）国家法律

英国天然气管道行业的国家法律体系主要体现在 4 个方面：①土地规划；②环境影响；③健康与安全；④行业建设许可与监督管理。

### 1. 土地规划

1947 年颁布的《城乡规划法》是关于燃气管道土地规划方面的法律。其规定一般的项目建设需要经过开发和建设申请两个过程。"开发"的含义为土地之上或之下从事的工程、采矿或者其他活动，或者为实质性改变任何建筑或土地的活动。这说明英国城乡规划管理的空间是地上和地下空间的开发。对于地下管线而言，有一种情况不算作开发，不需要申请行政许可，这就是"地方主管部门或法定部门对下水道、排水管、电缆或者其他设施进行检查、修理或者更新的活动，包括完成上述工作需对街道或其他土地实施的挖掘"。另外，对电信运营商的开发和公路开发所涉及地下管线的实施管理进行了说明。

1962 年颁布的《管道法》规定，国务大臣审核新建管道申请的重要依据是 1947 年颁布的《城乡规划法》。《管道法》将管线管理提高到了立法及国家管理的层级。以新建管道为例，《管道法》规定，所有新建管道都必须在施工起始日期之前至少 16 周向国务大臣提出申请，由国务大臣根据《城乡规划法》进行审核。如果有必要的话，国务大臣可以在参议院或者众议院召开公开听证会，对申请进行裁决。

未按规定提出新建管道申请或者申请中的施工路线图不符合要求，或者实际施工路线与申请路线不符都将被依法处以罚款。在政府管理主体层面，"涉及管线的施工安全、风险控制、信息共享及交换机制、主体责任人及主要责任和管线施工的环境影响评估"是政府相关部门强调的管理核心，也是相关部门配套法规的立足点。国务大臣随时可以因为土地规划安全原因，下令管道所属方停止施工、移动管线位置、修改设计方案，或者对管线进行检查、维修、保养、调整以及测试。如果管道所属方未在规定时间内提起申诉并且拒不执行的，可以被处以最高两年监禁的刑罚，并且加罚罚款。

### 2. 环境影响

英国《管道工程（环境影响评价条例）》要求管道工程建设申请者提交的环境报告中应包括对拟建管道工程的描述、对因拟建管道工程可能受到严重影响的环境要素进行描述、对拟建管道工程对环境可能产生重大影响的描述等内容。

对拟建管道工程的描述，环境报告中应包含以下内容：拟建管道工程及管道的物理特征，包括路由选择、工程设计和管道规模，以及管道建设及运营阶段的土地使用要求；拟定生产过程的主要特点，例如所用材料的性质和质量；对因管道工程建设和管道运营而产生的潜在残留物和排放物类型与数量的估测（包括但不限于对空气、水、土壤等的污染，噪声，震动，光，热量，辐射等）；对因拟建管道工程可能受到严重影响的环境要素进行描述，环境报告中应包含以下要素，如人口、植物、动物、土壤、水、空气、气候因素、建筑遗产和考古文物等物质财产、风景等，以及上述要素之间的关系。

对拟建管道工程对环境可能产生重大影响的描述，环境报告中应包含以下内容：拟建管道工程或拟建管道的处所、自然资源使用、污染物排放、预防及减缓严重负面影响措施、废物处理，所采用的环境影响评价方法等。

### 3. 健康与安全

由于地下管道的特殊危险性，容易对城市道路及周边居民造成生命和财产伤害，所以在管线及相关工人的健康安全方面，专门设立了部门和一系列的安全保障法规。于1975年正式成立的英国健康与安全执行局（HSE）是负责燃气管道行业健康与安全的部门。英国健康安全法律法规立法遵循以下基本原则：①透明原则，即责权明确，同时不过多使用技术术语；②负责原则，即立法应对公众负责；③针对性原则，即对具体的安全问题有针对性；④一致性原则，即与本国、欧盟法案、国际条约不相抵触；⑤平衡原则，即保持风险控制与成本平衡，使风险系数和经济效益分布合理。

英国健康安全法律法规体系包括 1996 年《管道安全条例》、1974 年《工作健康与安全法》、1996 年《天然气安全（管理）条例》等。

《管道安全条例》规定，在管道完工前，施工方应出具包含以下内容的文件：该管道可能存在的安全隐患；对这些安全隐患风险程度的评估；与其对应的安全管理系统；为该管道接受评审所做的安排。

与燃气管道安全施工相关的健康与安全法律主要是英国国家公共事业集团 2018 年发布的有关《英国街道工程定位指南及地下公用设施设备的彩色编码》的指导性文件，为实施街道工程的相关权益方提供了统一的管道敷设定位、颜色编码和警告标志的文件，以减少对地下公用设施的工程危害。管道敷设好后，还要标注相应的警告标记带，为后续修理挖掘工作起到警示作用。

### 4. 行业建设许可与监督管理

1995 年通过的《天然气法案》核心是确立天然气管网进入的准则及推动天然气行业各领域的竞争。对天然气主管部门的行政职能、与天然气有关的行政许可、天然气气体准则、气体传输设施的操作、储存设施的要求、公共气体运输商输送的气体气质、管道系统、储存设施和液化天然气进出口设施的使用权、天然气工程和设施的性能要求、公共气体运输商的权力和职责、设施业主及设施拥有人的职责、收费调整、服务标准和报酬，以及争议解决和裁定等内容进行了规定。英国《天然气法案》不仅从天然气行业管理方面进行了法律规定，还对天然气及天然气设施的技术性能方面给予了法律规定。

## （二）燃气公司管理政策

据统计，第三方对管道的意外损坏是英国管道破裂的最大原因。与此同时，住房开发和人口增长使越来越多的人靠近管道和其他潜在危险设施。随着新技术的出现和最佳实践的发展，对安全标准的要求也在不断提高。

英国国家电网，作为英国最大的天然气管道运输公司，除了遵守国家法律规定，本身也拥有成熟的安全管理政策，以履行其法定和监管职责，可确保管网在合理可行的范围内采取所有必要的步骤，遵守所有相关的安全立法。这套安全管理系统使国家电网能够始终如一地识别和控制安全、健康和环境（SHE）风险，减少事故和事件的可能性，并不断提高绩效。该框架符合英国健康与安全执行局宗旨和英国标准，遵循"计划、执行、检查、行动"的方法。其目标是通过嵌入和使用过程安全管理系统，系统地识别和减轻过程安全风险，并通过对实时表现进行基准测试和采用良好的做法，推动持续改进（图 1-14）。

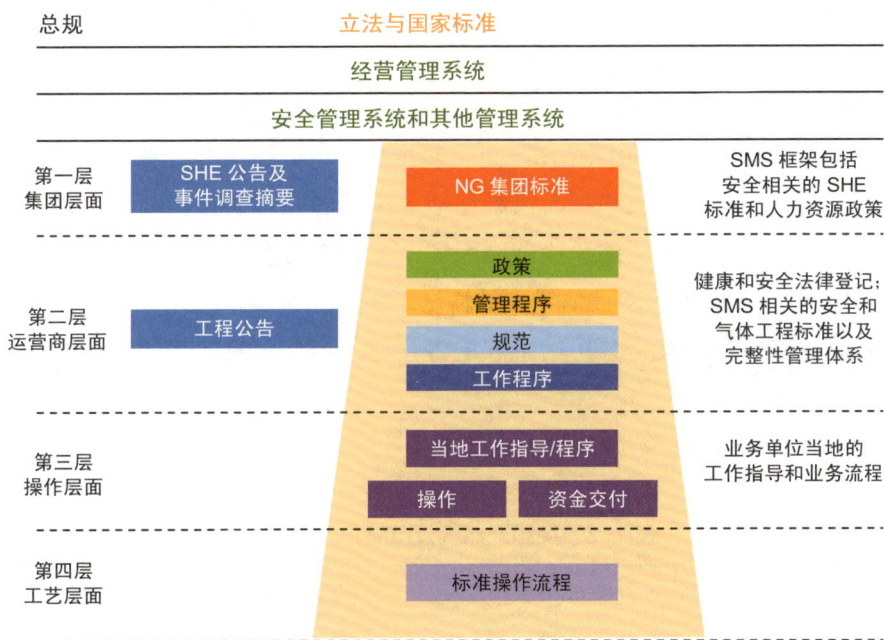

图 1-14　国家电网安全管理系统

# 四、相关标准

英国在天然气管道方面的标准很多，主要执行的是国家标准 BSI 和行业标准，如 IGEM、GIS 及各燃气运行公司的标准等。

## （一）国家标准

BSI 标准是英国国家标准，可在一定程度上集中反映出英国天然气管道近年来的发展趋势和技术水平。BSI 中的天然气标准非常全面，具有较高的权威性和通用性，包括管道设计检验、无损检测、油气物性测试等。有关燃气管道最主要执行的国家标准是《管道规范　第 1 部分：陆地钢质管道》（BSI PD 8010-1—2004）及《管道规范　第 3 部分：陆地钢制管道　易燃易爆管线附近的管道风险评估指南》（BSI PD 8010-3—2009）。

《陆地钢质管道》在第 5 章"设计—系统与安全"中主要对管道系统的安全性作了要求。BSI PD 8010-3 进一步指导如何开展风险评估，包括：管道失效频率确定，后果模拟，风险评估中标准的假设条件，针对已建管道的风险评估，可以采用的风险削减因子，行业内可参考的风险评估结果。BSI PD 8010-3 提供风险评估导则的输送可燃介质管道，也是《管道安全条例》规定需要开展安全分析的重大危害管道，但并未包括输送有毒介质的管道。

英国天然气管道部分国家标准见表 1-8。

表 1-8　英国天然气管道部分国家标准

| 序号 | 标准编号 | 标准名称 |
| --- | --- | --- |
| 1 | BS 5M 23—1987 | 《管道识别系统规范》 |
| 2 | BS 1600—1991 | 《石油工业用钢管尺寸规范》 |
| 3 | BS 1710—1984 | 《管道和使用维护标志规范》 |
| 4 | BS 1868—1975 | 《石油、石化及相关工业用钢制止回阀（有法兰及对焊端）》 |

| 序号 | 标准编号 | 标准名称 |
|------|----------|----------|
| | | 规范》 |
| 5 | BS 2000-15—1995 | 《石油和石油产品试验方法　第 15 部分：产品倾点测定》 |
| 6 | BS 2000-74—2000 | 《石油及其制品的试验方法　石油制品和沥青材料　用蒸馏法测定水的含量》 |
| 7 | BS 2654—1989 | 《石油工业立式钢制焊接油罐（对接焊壳体）》 |
| 8 | BS 4515-1—2009 | 《陆地和近海钢管焊接规范：碳钢和碳锰钢管》 |
| 9 | BS 470—1984 | 《压力容器检验孔、观察孔和入口孔规范》 |
| 10 | BS 6072—1981 | 《磁粉探伤方法》 |
| 11 | BS 6683—1985 | 《阀门安装和使用指南》 |
| 12 | BS 7677—1993 | 《管道接头用密封圈缺陷分类推荐标准》 |
| 13 | BS 7910—2013 | 《金属结构裂纹验收评定方法指南》 |
| 14 | BS 799-5—2010 | 《燃油设备：碳钢储油罐规范》 |
| 15 | BS 9295—2010 | 《埋地管道结构设计指南》 |
| 16 | BS 9690—2011 | 《无损检测：导波检测》 |
| 17 | BS EN 13942—2009 | 《石油和天然气工业管道输送系统：管道阀门》 |
| 18 | BS EN 14161—2003 | 《石油和天然气工业：管道输送系统》 |
| 19 | BS EN 14163—2001 | 《石油和天然气工业管道输送系统：管道焊接》 |
| 20 | BS EN 1594—2000 | 《燃气供应系统　最大工作压力超过 16 bar 的气体管道功能要求》 |
| 21 | BS EN ISO 21809—2018 | 《石油和天然气工业　管道输送系统用埋地或水下管道的外部涂层》 |
| 22 | BS EN ISO 3183—2012 | 《石油和天然气工业　管道输送系统：钢质管道》 |
| 23 | BS PAS 7—2013 | 《火灾风险管理系统规范》 |
| 24 | BS PD 8010-1—2004 | 《管道实施规范　第 1 部分：陆地钢质管道》 |
| 25 | BS PD 8010-2—2004 | 《管道实施规范　第 2 部分：海底管道》 |
| 26 | BS PD 8010-3—2009 | 《管道实施规范　第 3 部分：陆地钢制管道　易燃易爆管线附近的管道风险评估指南》（8010 1：2004 的补充说明） |

## （二）行业标准

在天然气管道使用标准方面，除了国家标准，还有英国天然气工程师和管理者协会标准（IGEM）、燃气行业标准（GIS）。英国天然气管道部分行业标准见表 1-9。

表 1-9　英国天然气管道部分行业标准

| 序号 | 标准编号 | 标准名称 |
|------|----------|----------|
| 1 | IGEM/TD/1 第 6 版 | 《高压气体输配用钢制管道》 |
| 2 | IGEM/TD/2 第 2 版+A：2015 | 《评估高压天然气管道的风险》 |
| 3 | IGEM/TD/3 第 5 版+A：2015 | 《气体输配用钢制和聚乙烯管道》 |
| 4 | IGME/TD/4 第 4 版+A：2013 | 《聚乙烯（PE）和钢制气体设备和用户管网》 |
| 5 | IGEM/TD/12 第 3 版 | 《天然气工业装置的管道应力分析》 |
| 6 | IGEM/TD/13 第 2 版 | 《天然气、液化石油气（LPG）和 LPG/空气的压力调节装置》 |
| 7 | IGEM/TD/19 | 《高压气体输配用的增强热塑性管道》 |
| 8 | IGEM/SR/14 | 《安全系统的完整性》 |
| 9 | IGEM/SR/18 | 《安全作业实践　确保天然气管道及相关设施的完整性》 |
| 10 | IGEM/SR/22 | 《燃料气运输、分输、储存系统吹扫作业》 |
| 11 | IGEM/SR/23 | 《天然气放空》 |
| 12 | IGEM/SR/24 | 《风险评估技术》 |
| 13 | IGEM/SR/25 | 《危险区域划分》 |
| 14 | IGEM/SR/28 | 《非开挖技术》 |
| 15 | IGEM/SR/29 | 《气体逃逸处理》 |
| 16 | GIS/14525 | 《最大工作压力从 DN50 到 DN600 和高达 2 bar 的法兰适配 |

| 序号 | 标准编号 | 标准名称 |
|---|---|---|
| | | 器和机械联轴器规范》 |
| 17 | GIS/C5 | 《灰铸铁铸造分配管接头（最高 7 bar）规范》 |
| 18 | GIS/C6 | 《球墨铸铁铸造分配管配件（最高 7 bar）规范》 |
| 19 | GIS/C8 | 《压力不超过 7 bar 的分岔三通型配件（包括接箍）灰铸铁或球墨铸铁规范》 |
| 20 | GIS/C9 | 《压力大于 7 bar 的碳钢铸件规范》（BS EN 10213 的补充） |
| 21 | GIS/CW2 | 《冷敷包装胶带和胶带系统规范》 |
| 22 | GIS/CW5 | 《埋地管道和系统现场应用外涂层规范》 |
| 23 | GIS/CW6 | 《使用熔合粉末和其他涂层系统的钢管和配件的外部保护规范：涂层材料及工厂应用涂层的要求和试验方法》 |
| 24 | GIS/CW9 | 《混凝土外部涂层规范》 |
| 25 | GIS/DAT12 | 《潜在危险区域的铝基轻金属和涂料规范》 |
| 26 | GIS/DAT6 | 《压力大于 7 bar 的碳钢和碳锰钢管的标准尺寸规范》 |
| 27 | GIS/E1 | 《压力不超过 2 bar 的组合钻孔、攻丝和服务配件插入机规范》 |
| 28 | GIS/E13 | 《压力大于 7 bar 的天然气用筒式过滤器规范》 |
| 29 | GIS/E13-1 | 《压力大于 75 mbar 且不超过 7 bar 的气体过滤器（80 mm 及以上）规范》 |
| 30 | GIS/E17-2 | 《绝缘接头规范　第 2 部分：压力不超过 7 bar 的接头》 |
| 31 | GIS/E19 | 《初级虹膜密封袋规范》 |
| 32 | GIS/E20 | 《二次虹膜密封袋规范》 |
| 33 | GIS/E22 | 《车载泄漏测量设备规范》 |
| 34 | GIS/E34 | 《进口压力大于 75 mbar 且不超过 7 bar 的调压模块采购规范（设计流量大于 6 $m^3$/h）》 |
| 35 | GIS/E4 | 《300 mm 及以下配电管道用充气自定心球胆规范》 |
| 36 | GIS/E48 | 《PE 服务线跟踪设备规范》 |
| 37 | GIS/E49 | 《聚乙烯线圈拖车规范》 |
| 38 | GIS/E5 | 《手动轮式切管机用切管轮规范》 |

| 序号 | 标准编号 | 标准名称 |
|---|---|---|
| 39 | GIS/E58 | 《将 PE 管插入低压燃气总管的密封压盖规范》 |
| 40 | GIS/E59 | 《LP 和 MP 燃气总管用泡沫塞止流装置规范》 |
| 41 | GIS/E6 | 《压力不超过 2 bar 的燃气总管接头密封用热蒸发器/雾化器规范》 |
| 42 | GIS/EFV1 | 《压力大于 75 mbar 且不超过 2 bar，气体流量不超过 6 m³/h 的 PE 设备的流量限制器规范》 |
| 43 | GIS/EL8 | 《气柜模块防冻装置制造规范》 |
| 44 | GIS/F10 | 《压力不超过 75 mbar 的燃气总管带电插入用辅助配件规范》 |
| 45 | GIS/F11 | 《压力不超过 7 bar 的金属主管道用灌浆三通接头制造规范》 |
| 46 | GIS/F12 | 《压力不超过 7 bar 的金属管道用灌浆三通连接规范》 |
| 47 | GIS/F13 | 《压力小于 2 bar 的球墨铸铁和预制钢帽端部规范》 |
| 48 | GIS/F16 | 《管道内紧密配合衬管管件规范》 |
| 49 | GIS/F17 | 《管道内紧密配合内衬主连接管件规范》 |
| 50 | GIS/F2 | 《压力不超过 2 bar 的主密封塞和服务连接配件规范》 |
| 51 | GIS/F6 | 《压力大于 7 bar 的碳素和锰钢管泵规范》 |
| 52 | GIS/F7 | 《压力不超过 7 bar 的 15～450 mm（含公称尺寸）钢制焊接管件规范》 |
| 53 | GIS/F9 | 《管道用米制和英制不锈钢单套和双套压缩接头规范》 |
| 54 | GIS/GQ7 | 《气味强度监测设备规范》 |
| 55 | GIS/L2 | 《压力为达 7 bar 的外径 21.3～1 219 mm 的钢管规范》（BS EN 10208-1 的补充） |
| 56 | GIS/LC1 | 《压力小于 7 bar 的金属气体管道和设备的泄漏修补和环形密封剂规范》 |
| 57 | GIS/LC12 | 《压力不超过 2 bar 的铁质配电系统接头修复用外部密封剂注入系统规范》 |
| 58 | GIS/LC14 | 《环形间隙密封胶规范》 |
| 59 | GIS/LC25 | 《压力不超过 2 bar 的铁质配电系统接头修复用外部密封胶注入系统规范》 |
| 60 | GIS/LC8-1 | 《铁质煤气管道泄漏修复方法规范　第 1 部分:外部系统(不包括接头和管夹)》 |

| 序号 | 标准编号 | 标准名称 |
|---|---|---|
| 61 | GIS/LC8-3 | 《铁质煤气管道泄漏修复方法规范　第3部分：内部密封》 |
| 62 | GIS/LC8-4 | 《铁质煤气管道泄漏修复方法规范　第4部分：管道修理夹具　分离接箍和压力下分支连接》 |
| 63 | GIS/LC9 | 《螺纹管道接头修复方法规范》 |
| 64 | GIS/P16 | 《钢管配件和阀门标准焊接端材的尺寸和应用规范》 |
| 65 | GIS/PA10 | 《地上管道和工厂装置的现场维修涂装规范》 |
| 66 | GIS/PA9 | 《涂料体系规范：特性和性能要求》 |
| 67 | GIS/PL2-1 | 《天然气和适用的人工燃气输送用聚乙烯管道和配件规范　第1部分：通用聚乙烯化合物》 |
| 68 | GIS/PL2-10 | 《压力为2 bar（英国）和4 bar（爱尔兰）的泄漏PE气体管道的修复方法规范》 |
| 69 | GIS/PL2-2 | 《天然气和适用的人工燃气输送用聚乙烯管道和配件规范　第2部分：压力不超过5.5 bar的管道》 |
| 70 | GIS/PL2-3 | 《天然气和适用的人工燃气输送用聚乙烯管道和配件规范　第3部分：对接熔合工具和辅助设备》 |
| 71 | GIS/PL2-4 | 《天然气和适用的人工燃气输送用聚乙烯管道和配件规范　第4部分：电熔管件》 |
| 72 | GIS/PL2-5 | 《天然气和适用的人工燃气输送用聚乙烯管道和配件规范　第5部分：电熔辅助工具》 |
| 73 | GIS/PL2-6 | 《天然气和适用的人工燃气输送用聚乙烯管道和配件规范　第6部分：电熔或对接熔合用插管端部配件》 |
| 74 | GIS/PL2-7 | 《天然气和适用的人工燃气输送用聚乙烯管道和配件规范　第7部分：挤压设备》 |
| 75 | GIS/PL2-8 | 《天然气和适用的人工燃气输送用聚乙烯管道和配件规范　第8部分：压力不超过7 bar的管道》 |
| 76 | GIS/PL2-9 | 《天然气和适用的人工燃气输送用聚乙烯管道和配件规范　第9部分：压力不超过75 mbar的柔性双壁波纹管》 |
| 77 | GIS/PL3 | 《天然气和适用的人工燃气输送用聚乙烯管道自锚机械配件规范》 |

| 序号 | 标准编号 | 标准名称 |
|------|----------|----------|
| 78 | GIS/PRS35 | 《气体调节器装置和相关操作设备用玻璃钢外壳规范》 |
| 79 | GIS/TE/D1.2 | 《直径为2～6 in 的接入孔和压力不超过2 bar 的非抽头干线密封插头规范》 |
| 80 | GIS/TE/D1.3 | 《压力不超过2 bar的燃气管道用孔锯和孔锯丝锥规范》 |
| 81 | GIS/TE/P6.3 | 《压力不超过7 bar 的燃气总管和燃气服务设备测试规范》 |
| 82 | GIS/TR29 | 《管道标记柱规范》 |
| 83 | GIS/V12 | 《压力为2 bar 的阀门密封剂更换规范》 |
| 84 | GIS/V4 | 《最大直径50 mm 且压力不超过7 bar 的工况隔离阀规范》 |
| 85 | GIS/V6 | 《压力大于7 bar，尺寸大于DN15 的天然气钢阀规范》（补充 EN 13942：2009） |
| 86 | GIS/V7-1 | 《分配阀规范 第1部分：压力为16 bar 的金属阀体管线阀和7 bar 的结构阀规范》 |
| 87 | GIS/V7-2 | 《分配阀规范 第2部分：压力不超过5.5 bar，尺寸为180 mm 的塑料阀体规范》 |
| 88 | GIS/V7-3 | 《分配阀规范 第3部分：压力不超过5 bar 的黄铜阀体手动操作球形和锥形旋塞阀规范》 |
| 89 | GIS/V8 | 《仪表和控制阀门规范（公称直径不超过25 mm）》 |
| 90 | GIS/V9-1 | 《入口压力大于75 mbar 且不超过7 bar 的调速器猛击阀性能要求规范 第1部分：弹簧操作隔膜式猛击闭阀》 |

注：1 in=2.54 cm。

### 1. 英国天然气工程师和管理者协会标准

英国天然气工程师和管理者协会标准是英国天然气工程专业协会制定的，其天然气技术标准的发布被行业广泛认可和使用，旨在帮助协会成员更好地满足法律法规和国家标准的要求。英国天然气工程师和管理者协会标准的制定过程中也会引入相关的政府监管部门和行业专业机构，同时英国天然气工程师和管理者协会标准也会被政府监管部门和其他行业专业机构所引用。

### 2. 燃气行业标准（GIS）

燃气行业标准（GIS）由英国能源管网协会（ENA）制定。能源管网协会是一个非营利的行业机构，代表在英国和爱尔兰运营电线、煤气管和能源系统的公司。

## 五、设施设备管理

### （一）设施管理

#### 1. 燃气输配管安装深度

英国健康与安全执行委员会要求将管道敷设至指定的深度，除非采取其他有效的预防措施来最大限度地减少第三方损坏的风险：天然气输配管通常应敷设在道路或道路边缘的最小覆土深度为 750 毫米，而在人行道中的最小覆土深度应为 600 毫米；天然气管道通常应敷设在一般地面上的最小覆土深度为 375 毫米，而在人行道和高速公路上的最小覆土深度应为 450 毫米，在开放的田地或农田中最小覆土深度应为 1 100 毫米（图 1-15）。

但是，这些深度仅供参考，在天然气管道或干管附近进行工作时不应依赖这些深度。例如，在敷设天然气管道后（通常时间间隔是十几年到几十年的时间），道路平整、景观美化和其他地面条件的变化可能导致地表覆土的深度随着时间的推移而变化。此外，天然气管道的突出部分，例如阀门可能未在平面图上显示，并且可能具有比管道更小的覆土深度（图 1-16）。

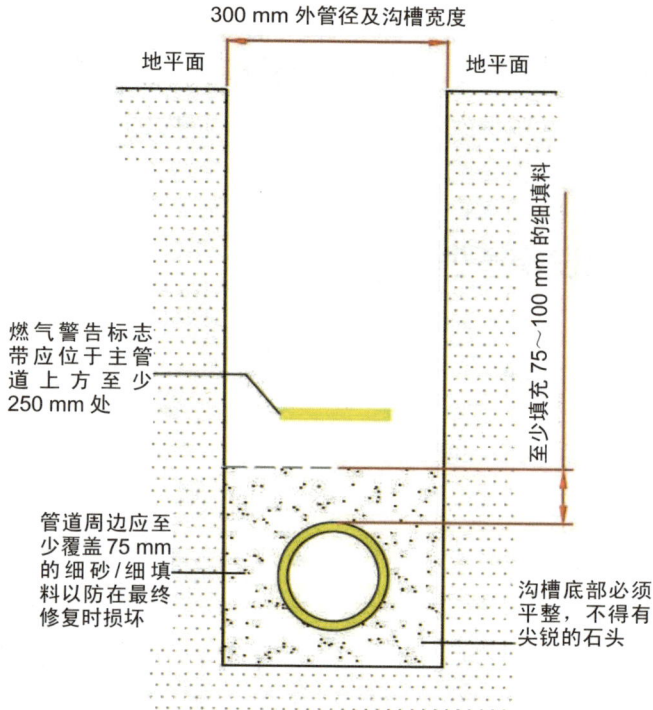

图 1-15  燃气主管道安装位置示意图

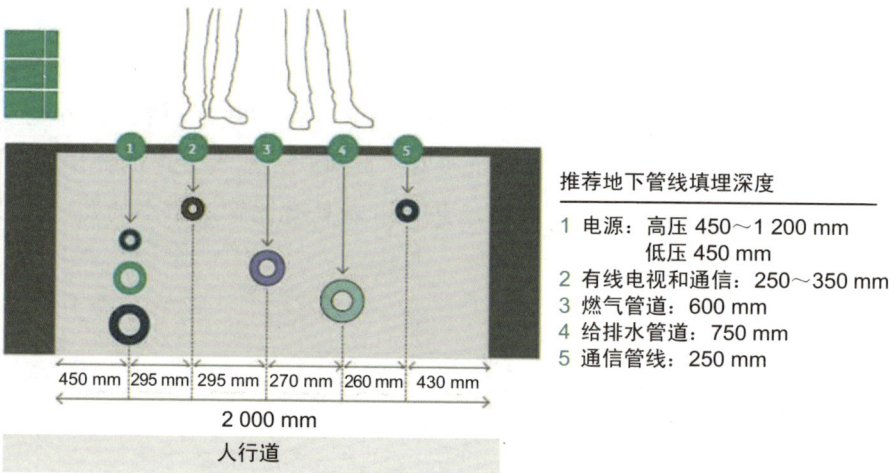

图 1-16  英国 Openreach 公司推荐各地下管线填埋深度示意图

### 2. 用户管道敷设及燃气表安装方式

（1）敷设方式

用户管道通常从位于人行道或车道上的燃气主管将燃气输送到每个单独的物业和仪表。用户管道通常以直角连接主管，并马上连接到物业房屋。

用户管道不得安装在其供应的财产或公共/共享车道以外的任何土地上。如果穿过马路到对面人行道上的主干道需要安装用户管道，则必须将其敷设在单独的道路交叉口中（可以根据需要为这些道路交叉口安装管道，图 1-17）。

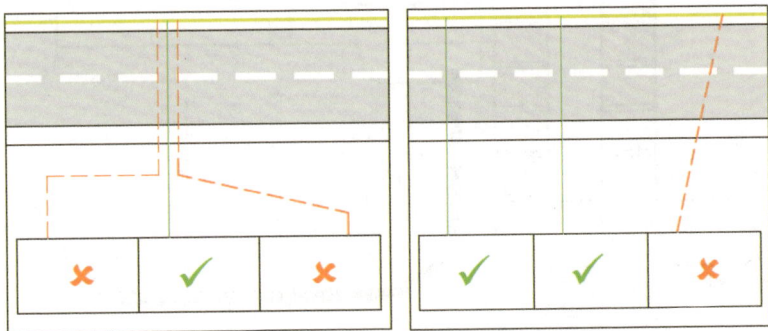

图 1-17　用户管道需要通过道路交叉口时的安装示意图

英国在 20 世纪 70 年代之前建造的房屋，通常将燃气表安装在房屋内，但新的行业标准要求将燃气表放置在室外的燃气表箱中，如图 1-18 所示。在某些情况下，燃气管道会进入物业房屋，而仪表则位于物业房屋内部。这通常可以通过垂直延伸然后穿过外墙的灰色管道来识别。20 世纪 70 年代以来，新建筑和更换煤气表的燃气管道均采用聚乙烯材质制成（图 1-19）。

图 1-18　1970 年前用户管道位置示意图　　图 1-19　1970 年后用户管道位置示意图

燃气表的位置必须在面向主管道的房体墙壁上，或者在需要时，在房体的一侧，在墙下方不超过 2 米处。燃气表不能安装在房体的后部，具体安装细则如图 1-20 所示。

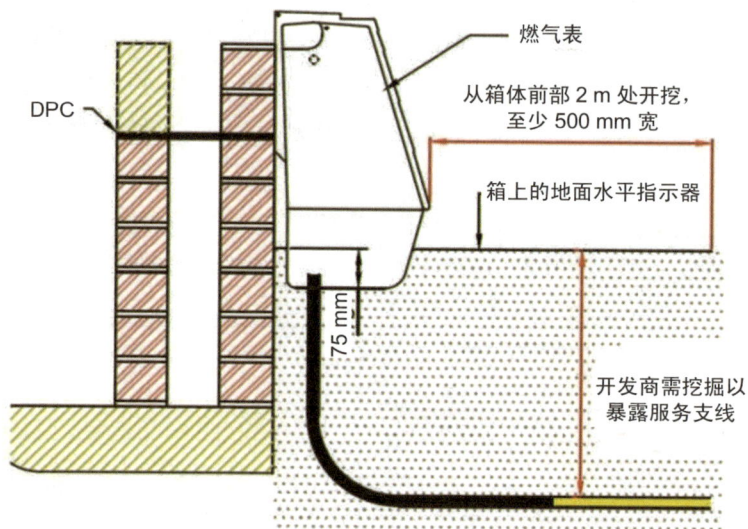

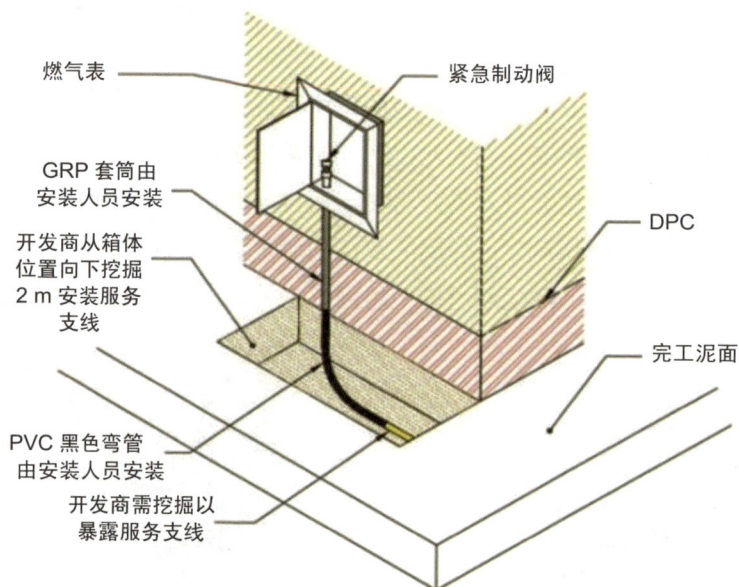

图 1-20　燃气表安装示意图

　　住宅物业使用黄色导管和气体标记胶带。将其沿整个管道安装在位于管道上方至少 75 毫米处，以防止第三方损坏管道。

　　尽可能让管道垂直于仪表位置沿直线敷设（以便预测路线）。请勿让管道弯曲超过图 1-21 和表 1-10 所示的允许角度。

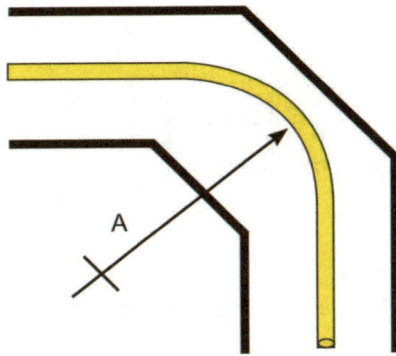

图 1-21　最小弯曲半径（管道外径的 15 倍）

表 1-10　不同管道直径建议的最小弯曲半径

| 管道直径/mm | 最小弯曲半径/m |
| --- | --- |
| 20 | 0.3 |
| 25 | 0.4 |
| 32 | 0.5 |

　　不能使用聚乙烯天然气管或水管作为引入导管。导管的内径应足够宽，保证插入聚乙烯管道而不造成损坏。外部导管的末端应紧靠接入口处，至少留出一米已挖开的地面，以便安装入口配套装置。将管道连接处的开挖口留出（在合理可行的情况下），并预留足够的导管以连接供气支管。

　　将管道敷设在准备好的垫层或软土地面上，并用合适的或进口的细填料回填前 75 毫米。为避免对工程师造成伤害，在管道上每隔 20 米处留一个空隙。这将减少推动长管道通过的阻力。可从燃气管道供应商处购买直径约 200 毫米的聚乙烯管道。然而，更实际的做法可能是敷设一段直径较大的聚乙烯管，该聚乙烯管有盖并具有正气压，以适应现场条件（图 1-22）。燃气管道敷设最小通道距离见表 1-11。

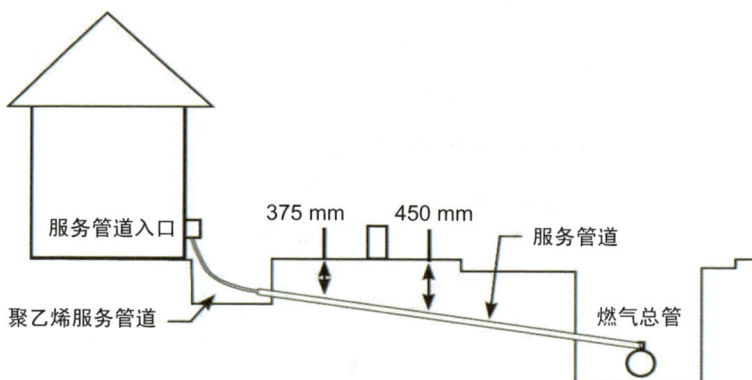

图 1-22　燃气管道敷设要求示意图

表 1-11　燃气管道敷设最小通道距离

| 管道直径 $r$/mm | 最小通道距离/mm |
| --- | --- |
| 25～32 | 用户管道 60 |
| 63 | 用户和主管道 100 |

（2）安装规范

对于距离主燃气管 23 米以内的住宅楼宇，气体传输商（GT）有义务安装连接到楼宇所需的设备和管道，并有权收取提供连接的合理费用。在大多数情况下，气体传输商将承担在公共高速公路上安装前 10 米管道的费用。

如果社区距离天然气总管道有一定的距离，且许多现有物业没有连接到天然气供应的社区，则需要整体敷设。如果许多潜在客户要求进行延伸工程，气体传输商将在计划开始时确定连接费用，并对所有连接到主管道的请求征收类似的费用，最长期限为 20 年。这些费用是根据《气体（接驳费）条例》规定的。在英国的天然气供应中存在激烈的竞争，客户现在可以从任何获得许可在英国境内销售天然气的天然气供应公司购买天然气。有资质的公司名单可从天然气和电力市场办公室网站 www.ofgem.gov.uk 获得。

### 3. 燃气管道挖掘安全

英国燃气管道由国家电网敷设，任何在管道附近的施工都应获得国家电网的书面许可和指导。

（1）许可

在地役权场所施工，承包商均应向国家电网提交所涉及工程的细节，包含该工程计划使用的施工方案。国家电网给出正式的书面许可后才能开始施工。该文件包含国家电网要求的保护措施、联系电话和紧急联系电话。一旦收到国家电网的要求，工程承包商必须在开始施工前 14 天内通知国家电网，仅在国家电网同意的情况下才可缩短该时限。

在公共道路上施工，应依照《新道路和街道工程法令》（NRSWA）和 HS（G）47 的要求，通知国家电网。任何道路工程的承包商均应向国家电网提交所涉及工程的细节，包含该工程计划使用的施工方案。相关文件应在施工开始前 14 天内提交，仅在国家电网同意的情况下才可缩短该时限。如在多个相邻地点开展同类型工程，则仅提交一份施工方案即可。

（2）管道识别定位

如已获得正式许可，第三方应提前 14 个工作日通知国家电网，或在其同意的情况下缩短通知时限，以确保国家电网在施工开始前对管道准确定位并做好标记。

现场施工开始前，应由国家电网人员对管道进行定位和固定，或使用带有三角旗的管道位置标记（图 1-23）正确标记位置，以指明管道的存在。在特殊情况下，且仅在国家电网事先同意的情况下，管道的定位和标记，可由国家电网认可的符合条件的第三方根据相应的程序进行。

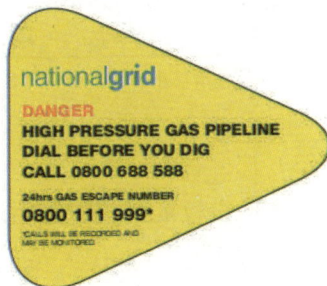

图 1-23　管道位置标记

应遵循英国健康与安全执行局出版物 HSG 47 文件《地下设施风险规避导则》和 HSG 185 文件《挖掘现场健康与安全指南》中规定的安全挖掘方法，因为对燃气设备直接和附带的损坏都会对员工和公众造成危险。

应根据当前的现场条件对先前商定的工作程序进行审核和修订。任何变更均应得到国家电网负责人的同意。

应由国家电网负责人在现场明确对管道定位或确定交叉点高度的试验孔的要求。所有试验孔的挖掘均应在国家电网负责人的监督下进行。

英国国家公共事业集团 2018 年发布了最新的有关《英国街道工程定位指南及地下公用设施设备的彩色编码》的指导性文件，为实施街道工程的相关权益方提供了统一的管道敷设定位、颜色编码和警告标志的文件，以减少对地下公用设施的工程危害。其中对燃气管道的相关颜色也进行了编码（表 1-12）。管道敷设好后，还要标好相应的警告标记带，为后续修理挖掘工作起到警示作用。

表 1-12　地下公用设施设备中燃气管道颜色编码

| 地下公用设施类型 | 导管 | 管道 | 电缆 | 标记系统 | 推荐最小填埋深度/mm | |
| --- | --- | --- | --- | --- | --- | --- |
| | | | | | 人行道/边缘 | 行车道 |
| 燃气管道 | 黄色 | 黄色或用黄色元素；棕色条纹（可拆卸表皮露出白色或黑色管） | N/A | 黄色配以黑色刻印文字 | 人行道 600 边缘 750 | 750 |
| | 注：PE 管：高达 2 bar——黄色或黄色带棕色条纹（可拆卸表皮露出白色或黑色芯管）；2～7 bar——橙色；钢管：可能有黄色包裹或黑色焦油涂层或没有涂层；球墨铸铁管可能有塑料包裹；棉和垫片/离心铸铁管——无明显颜色 | | | | | |

注：深度是指从地面到设备顶部的最小距离。

（3）挖掘管理

①在地役权场所的管道附近挖掘。

只要国家电网工作人员已明确定位并标记管道，第三方即可在无人监督的情况下使用动力机械设备，在距离管道不小于 3 米的地方进行挖掘（图 1-24）。有齿挖掘机的铲斗可能会损坏管道，因此应使用无齿铲斗。管道上的任何配件、附件或连接管均应人工挖出。所有其他挖掘工作均应人工进行。

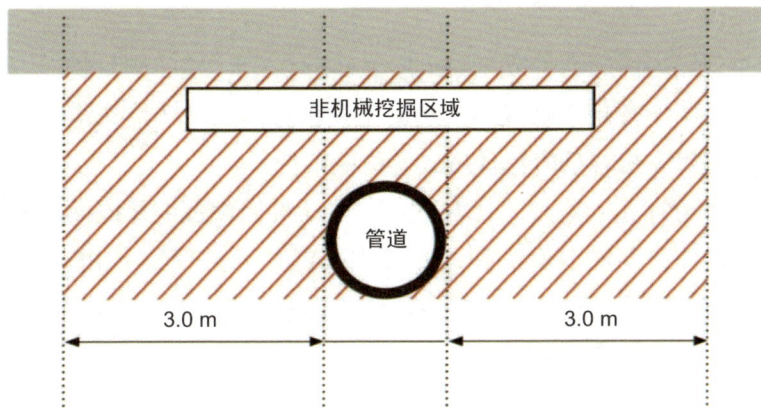

图 1-24　非机械挖掘区域示意图

与国家电网现场负责人达成协议后，可考虑放宽这些限制，前提是管道位置已通过人工挖掘的试验孔确认，同时国家电网负责人仍在现场。

如果手工挖掘的试验孔证明覆盖层厚度足够，可使用轻型履带式车辆，使用无齿铲斗将表层土剥离至 0.25 米的深度。

未经国家电网书面许可，地役权场所内不得堆放表层土或其他物质。禁止在地役权范围内或靠近上述地面天然气设施的地方生火。

施工完成后，管道上的覆盖层高度应与施工前持平，除非与国家电网负责人另有约定。

不得在地役权范围内敷设与管道平行的新设施。在特殊情况下，且仅在获得国家电网正式书面许可的情况下，才可进行短程敷设，新设施距管道一侧不小于 0.6 米。

如果在地役权土地内或紧邻地役权土地平行于管道进行施工，则应在工程和管道之间设立柱子和铁丝网作为保护屏障。

国家电网可能会要求第三方在工程开始前完成一份地役权穿越协议（赔偿契约）。应在工程开始前就该问题与国家电网负责人进行讨论。

②在公共道路管道附近挖掘。

允许通过机械方式清除 0.3 米深的沥青或混凝土道路表层，但不允许在管道周围 3 米处使用链式挖沟机进行该项作业。国家电网现场负责人可监督该工作。

如果道路表面的沥青或混凝土层延伸至 0.3 米以下，则只能在国家电网负责人的监督下使用手持式电动辅助工具进行清除。在特殊情况下，国家电网负责人可在进行风险评估后放宽这些条件。

第三方可在无人监督的情况下使用电动机械设备进行挖掘，但与国家电网管道的距离不得小于 3 米。任何配件或附件均应人工挖出。

在特殊情况下，经与国家电网现场负责人协商，可考虑放宽这些规定，但仅限于负责人仍在现场时。

任何与管道平行敷设的新设施距离管道一侧均不小于 0.6 米。

③穿越管道上方和下方。

当新设施从管道上方穿过时，管道顶部与新设施底部之间应保持 0.6 米的距离。如果无法实现，则新设施应从管道下方穿越。如果管道裸露的长度超过 1 米，应咨询国家电网现场负责人以明确支撑要求。回填前应拆除所有支撑。裸露的管道应采用垫子和合适的木质保护层进行保护。在特殊情况下，国家电网现场负责人可酌情考虑缩短这一距离。

燃气长输管线一般以标记柱的形式，提示下方有燃气管线，黄色的颜色可以突出显示管道的存在，可以在大多数边界和道路过境点找到。上面会标明管道所属运行方和操作员的姓名和联系方式（图 1-25）。

图 1-25　天然气长输管道标记柱及附属设施

④阴极保护。

阴极保护适用于国家电网的埋地钢管，是一种通过保持管道和沿管道关键点放置的阳极电位来保护管道免受腐蚀的方法。

如果要敷设新设施并进行类似保护，国家电网将进行干扰测试，以确定新设施是否会影响国家电网管道的阴极保护。

如果需要移动任何阴极保护柱或相关设备以方便第三方施工，应至少提前14天告知国家电网。国家电网将负责开展该工作，相关费用将由第三方承担。

⑤电气设备安装。

如第三方企业要在国家电网埋地钢管附近安装电气设备，则应考虑故障情况下地电位上升的影响，并应在施工前向国家电网提交风险评估以便获得批准。

⑥回填。

混凝土回填物不应放置在距离设备300毫米以上的地方。不得将混凝土或硬质材料置于任何器具之下或邻近任何器具。管道周边回填所用材料必须符合下列要求：如果是沙子，必须按照BS EN 12620：2002《混凝土集料》进行良好的分级，不得含有任何尖锐颗粒。不应使用泡沫混凝土；必须放置在仪器顶部以上150毫米的最小深度。在管道顶部完成250毫米手夯层之前，不应进行动力夯击。

### 4. 液化天然气安全管理

（1）英国液化天然气管网情况

2022年，英国的液化天然气（LNG）进口量达到创纪录的256亿立方米，比上年增长74%。液化天然气进口占全年天然气进口的45%，占需求的35%。液化天然气是通过将天然气冷却至大约-160℃生产的。液态液化天然气所占空间比气体少约600倍。这种体积的减少可以实现具有成本效益的存储和运输。

随着英国国内天然气来源的减少，进口液化天然气将成为越来越重要的清洁可靠能源来源。液化天然气比其他化石燃料燃烧更清洁、更高效，碳排放量显著低于煤炭。液化天然气通过再气化的过程转化回天然气。当需要天然气时，液化天然气通过浸没燃烧式气化器。每个气化器都包括一束装在温水浴池里的管子，在温水浴池里，液化天然气被加热到一个点，然后就会恢复到气态。之后，天然气被输送到国家输送系统。

英国南胡克液化天然气接收终端的总处理能力为每年 1 560 万吨，相当于目前英国天然气需求的 20%左右。南胡克液化天然气接收终端的码头和卸货设施有两个泊位，用于卸载 12.5 万～26.7 万立方米的液化天然气油轮；液化天然气临时储罐有 5 个，每个储罐的工作容量为 15.5 万立方米；共 15 个浸没燃烧式气化器（SCV），以支持相当于每年 1 560 万吨稀薄液化天然气（每年 210 亿立方米天然气）的固定每日再输送能力（图 1-26）。

图 1-26　南胡克液化天然气接收终端

（2）液化天然气（LNG）站场的安全监管

英国政府对 LNG 站场的安全监管分立项许可审批、建设检查和运营检查三个阶段。

在站场项目申请阶段，申请者需将申请表提交给当地一家报纸进行刊登，同时在申请地点附近以通俗易懂的语言连续不少于 7 天公布申请信息；21 天后向危险物品监管局提交申请表和选址地图、危险物质实际储存点位置图等配套文件。危险物品监管局将申请和计划供公众查阅和评议，与英国健康与安全执行委员会、环保局、当地社区理事会、消防和民防局等机构协商，征求他们对相关事项或内容的评估或审查意见。英国健康与安全执行委员会负责根据《液化天然气设备与安装——陆上装置设计》（EN1473）

等欧洲标准推荐的方法评估液化天然气站场选址是否合适。协商部门在 28 天内做出回应，危险物品监管局必须在 8 周内对申请做出决定。如果协商部门及危险物品监管局均同意，则由危险物品监管局颁发"危险物质同意书"，液化天然气站场可以建设。

在液化天然气站场建设和运营阶段，主管机构通过强制执行英国《重大事故危险控制条例》来预防陆上危险物质站场和设施发生重大事故，并限制任何事故对人和环境的影响。英国《重大事故危险控制条例》要求经营者必须有计划地选址，采用公认的先进标准，使建造和运行符合公认的、科学的最低要求；采取合理且切实可行的措施，防止从站场泄漏的液化天然气引起火灾和爆炸；英国《重大事故危险控制条例》还要求企业开始运行前必须制定、测试并提交站场内的应急预案，通过采用有效的管理、工艺和程序，以及与风险相称的良好的措施来实现安全。英国健康与安全执行委员会通过评估经营者在建造前和运行前提交的安全报告，以及在建设和整个运营寿命期间经常到 LNG 站场检查，来实现对天然气站场的安全监管。

### 5. 燃气管道附近太阳能发电厂安全管理

太阳能发电厂是一种重要的新兴技术和能源，此类场地的开发通常涉及在天然气管道附近安装太阳能电池板，或者将此类管道与从太阳能发电厂出口的电缆交叉。高压管道由优质钢制成，太阳能电池板或电缆交叉口的电气干扰可能会影响阴极保护水平。阴极保护是一种用于通过使其成为电化学电池的阴极来控制金属表面腐蚀的技术。简言之，将要保护的金属连接到更容易腐蚀的"牺牲金属"，后者充当阳极。电气干扰会降低金属管道的阴极保护，增加未来的维护或更换成本，并最终导致管道腐蚀和故障。

例如，以英国伦敦燃气管道管理 SGN 公司为例，其在线管网信息管理系统能够确定基础设施发展可能影响或跨越该公司管网的地方。当发现此类影响时，公司会发出信函，就如何在所属资产附近工作提供建议和指导。对于任何可能影响管网的太阳能发电厂开发，要求其必须遵守以下规定：

①新工程的发起人应告知 SGN 公司新装置的预期故障电流、电力负载和工作电压，应告知接地系统的性质。

②太阳能发电厂相对于 SGN 公司管道的位置的详细信息应在相关图纸上显示，所有相关图纸均应提供给 SGN 公司审查。

③与新变电站安装相关的接地电极或系统不得位于任何 SGN 公司管道系统的 10 米范围内。

④新工程的发起人应赔偿因直流漏电流和交流干扰而对 SGN 公司任何资产造成的任何损害。

## （二）设备管理

### 1. 家用智能燃气表

在英国，大多数家庭有两个仪表，一个是燃气表，一个是电表，两者都将被智能表取代。政府规定，由能源提供商免费安装智能表，而且还提供一个家用显示器（有时称为 IHD），这是一种放置在家中的、易于使用的手持设备。智能表能显示家中正在使用的能源成本和数量，每 30 分钟更新一次天然气和近乎实时的电力使用数据。该装置还包括一个通信集线器，允许智能电表和 IHD 相互通信，并将智能电表系统连接到安全的国家智能电表网络（图 1-27）。

图 1-27　英国家用智能燃气表

安装智能燃气表对于家庭消费者和燃气企业来说都有很大作用。对家庭来说，燃气表作为入户管线的终端，与燃气入户管线的安全有密切的关系。消费者可通过手机 App、电脑终端设备等远程查找能源消耗历史数据，可以精确计量能耗数据，以及碳排放情况；通过不同结构的智能表端特有的安全功能，判别消费者能源消耗异常数据，识别燃气用气隐患或异常等。

对于燃气企业来说，可以实现更加精准、便捷的抄表，提高其技术应用的盈利能力；能够实现远程启闭，降低服务成本；建立智能表计数据分析系统，通过挖掘异常数据，判别消费端的安全隐患等。

挪威船级社（DNV）利用英国燃气智能仪表数据开展了"智能计量泄漏检测研究"，利用智能燃气表每 30 分钟为周期提供的数据，结合表后燃具使用的流量变化、消费者的工作和假期模式、已安装锅炉的品牌和型号以及天气变化，通过机器学习（ML）异常检测算法、随机森林、梯度提升回归、季节性分解预测器和自动编码器等技术手段，通过建立数学模型以及表计数据比对，再结合不同孔径燃气泄漏量以及正常使用时间，判断哪些流量属于正常使用，哪些流量属于泄漏造成的，对相关危害居民安全的信息可经短信、手机 App 等发出警告。

挪威船级社的研究表明，智能燃气表数据可以防止许多可能致命的最严重的爆炸事件。对历史事件的审查表明，25%～75%更严重的爆炸事件可以利用智能燃气表数据进行预防，这取决于燃气表和相关设备中的具体功能。

对挪威船级社的记录进行分析，以确定是否可以通过使用智能燃气表数据来预防任何事故。2005—2015 年，英国共发生了 28 起涉及燃气泄漏事故，并得出以下结论：

（1）25%的事故可能无法通过智能燃气表数据检测到，因为在大多数情况下，气体释放不能及时与正常设备的使用区分开来。

（2）25%的事件可能属于"中等"泄漏，因其流出量与正常设备使用类似。但是，由于释放的时间长度或状态，智能燃气表可能会发出警报，表明可能正在发生泄漏。因此，这些类型的事件是可以避免的。

（3）25%的事故很容易被识别为严重泄漏。许多这样的泄漏是可以避免的。如果该功能可用，这些泄漏将会被燃气表自动关闭，并报告给国家呼叫中心，大幅增加防止爆炸的可能性。

（4）25%的事故可以识别为大泄漏，并有可能避免，但前提是流速采样频率高于每 30 分钟一次。

#### 2. 安装一氧化碳报警器

英国法律规定，在室内有燃气器具的地方建议安装一氧化碳报警器，包括商业厨房和居民住房。

（1）英国《2005 年规管改革（消防安全）令》第 4 条规定，商业厨房有责任采取"一般性防火措施"，必须确保厨房达到消防安全标准。安装火灾报警系统，包括安装一氧化碳探测器和喷淋喷头，是商业厨房业主的主要职责之一。

英国火灾报警系统执行英国《建筑物火灾探测和报警系统标准》（BS 5839），一般由相关厂家进行安装，相关设备的安装数量应根据房屋面积和使用频率进行计算。《建筑物火灾探测和报警系统标准》建议至少每 6 个月由有资质的人员检查一次火灾报警系统。政府遵循该标准，建议商业厨房负责人每周对火灾报警系统进行测试。

（2）英国伦敦消防局建议伦敦市民在所有有燃料燃烧设备的房间和所有卧室安装一氧化碳报警器。一氧化碳报警器应该从信誉良好的商店和超市购买，或者直接从能源供应商那里购买。必须购买符合现行英国标准 BS EN 50291 的报警器。每个月都应测试屋内的所有报警器（烟雾、热量和一氧化碳）。在私人出租物业内，房东有责任在任何有固体燃料燃烧器具的房间内安装一氧化碳警报器。伦敦消防局建议所有有燃料燃烧器具（包括燃气器具）的房间都应安装一氧化碳报警器（图 1-28）。

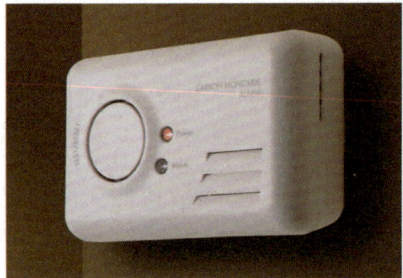

图 1-28　家用一氧化碳报警器

## （三）相关技术

### 1. 小孔钻探技术

英国 SGN 公司开发了最新的小孔钻探技术。小孔钻探技术旨在为当前的运营活动提供端到端的锁孔道路工程解决方案，如止流、干线和服务更换以及连接工程，最大限度地减少更换泄漏或老化管道时的干扰，这意味着更少的挖掘量、更低的成本和更少的干扰（图 1-29）。

图 1-29　小孔钻探技术示意图

现有的燃气管道大多由金属制成，带有橡胶接头，但这些管道会出现磨损并泄漏。小孔钻探技术是一个为期 30 年的研发项目，该项目旨在将建筑物 30 米内的小型金属管道（直径小于 8 英寸）更换为聚乙烯管道。新的聚乙烯管道将更安全、更可靠，也可以提供更好的服务。小孔钻探的开发分为两个阶段：第一阶段是设计、开发和制造可安装直径在 25～90 毫米的新管道的技术，第二阶段是通过专门为替换项目创建的 600 毫米孔，对现直径介于 63～180 毫米的现有管道执行相同的操作。

目前的锁孔技术只需要两辆卡车，一辆用于切割，另一辆用于真空挖掘，在路上钻一个 600 毫米的洞，取出核芯，用真空吸走碎片，露出下面的天然气管道，以便其在地下进行施工（图 1-30）。

图 1-30　小孔钻探入地技术

## 2. CISBOT 机器人

英国 Cadent 公司开发了多项管道修复技术，如机器人项目、Core&Vac、Keyhole 技术、长柄工具、PE 立管等。目前，CISBOT 和 iSeal 是一种安全、多功能和创新的方法，用于修复金属燃气管道系统（特别是多人居住建筑物上的立管）上的泄漏接头（图 1-31）。

图 1-31　CISBOT 机器人

目前，在英国，特别是伦敦的燃气管线中，许多金属管道老化，需要检查、维修或更换。目前典型的修复方法是精确定位一个或多个泄漏接头后进行修复。然后进行多次挖掘或在一个或多个接缝上形成线性沟槽。继而开始修理或修复，包括封装、外部接头注射或安装内部管道衬垫。这些过程需要大量的人力和资金进行必要的调查、许可、挖掘和修复。

CISBOT 机器人由美国国家电网公司、英国 Cadent 公司与伦敦大学学院机器人研究所（ULC Robotics）合作研发，已在伦敦南部和苏格兰投入使用。CISBOT 可在不中断气体流动的情况下密封铸铁燃气总管道中的泄漏接头。通过在给定区域内注入厌氧密封剂来更新铸铁管道。修复只需要一次挖掘，并只需在一辆厢式卡车的后部范围内进行，这样工作量较小，还能减少对交通的影响，减少噪声、污染和挖掘量，减少道路工程的占用面积和工期，从而大幅减少对公众的影响（图 1-32）。

在此项目之前，大直径 CISBOT 机器人作业在 15 英寸（38.1 厘米）、

16 英寸（40.6 厘米）、18 英寸（45.7 厘米）、20 英寸（50.8 厘米）和 24 英寸（60.9 厘米）管道上进行过。目前可以执行 30 英寸管道修复计划。通过这项技术，Cadent 公司与 ULC Pipeline Robotics、伦敦交通局和地方议会合作，在伦敦著名景点特拉法尔加广场实施了燃气管道抢修工作，一次小面积开挖可修复约 460 米管道，最大限度地减少道路占用面积和时间。这次抢修耗费 6 周时间，共修复了 359 米，宽 30 英寸的管道，完成 105 个密封接头，成功地避免了当地企业

图 1-32　工程师在地面上操作 CISBOT 机器人

和住户的天然气供应中断的情况。整个修复过程在一个定制的生态仓中进行，大幅减少了对周围环境的噪声影响（图 1-33）。

图 1-33　CISBOT 机器人在街道上使用

### 3. 复合管道支架

在国家管网系统中，终端、压缩机站和地上设施（AGI）的管道位于管道支架中。这些管道支架的设计各不相同，但通常由混凝土底座和钢支架组成，平均生产成本约为 3 500 英镑。这些支架因其底部的混凝土底座十分笨重，支架底部本身的重量可能超过 100 千克，日常检查和补救性维护时常常需要破坏后才能看到其隐蔽区域，而且管道一般都会有腐蚀现象，挖掘时十分危险。

复合管道支架项目研究了一种使用复合材料的新支撑设计。该团队与英国业务流程外包和专业服务公司 Capita PLC 合作，采用分阶段方法开发了新的复合管道支架。复合管道支架开发完成后，在英国国家电网 Eakring 培训中心进行了试用。新支架设计得较轻，可以安全地进行手动操作，具有成本低、轻量化设计和耐腐蚀性好的优点（图 1-34）。

图 1-34　复合管道支架

### 4. 3D 激光扫描仪

在英国燃气管网中需要对所有气焊进行检查。通常射线照相术被用作寻找裂纹和缺陷的标准技术。但随着时间的推移，超声波开始被用作更安全的方法替代。虽然该技术可以成功测量 8 毫米以上厚度管道中的缺陷，但它在较薄的管道中表现不佳。对于较薄的管道，产生超声波能量并检测缺陷的传统探头太大，无法足够接近焊缝。

因此，在 2016 年，英国国家电网与致力于 3D 扫描解决方案开发与制造的 Creaform 公司合作，开始研究如何使用 3D 激光扫描技术来克服这一问题。开发出手持式激光扫描仪和相关管道检查软件——SCAN 700手持式激光扫描仪，取代传统的人工方法来评估管网的损坏情况（图1-35）。

使用时，工程师在扫描开始之前将目标放置在预期区域上。不超过5分钟，扫描仪就能将结果直接发送到技术人员的计算机中。使用激光扫描仪可以减轻成本高昂的挖掘工作量，并且比传统的射线照相测试更便宜，成本降低约80%。除此之外，使用激光扫描仪可以轻松获得更准确的数据，从而显著减少检查缺陷所花费的时间。

图1-35　SCAN 700手持式激光扫描仪

经过成功的现场试验，该扫描仪于2017年作为一种经批准的管道分析技术推广到天然气传输领域，现已成为一种成熟的检查方法。

### 5. 环氧灌浆调查

英国国家电网系统使用环氧树脂灌浆来修复管道，如腐蚀损坏、焊缝破裂和叠片。这些由树脂、填料粉末和硬化剂混合而成的灌浆虽然非常耐用，但也有其局限性，因为准备灌浆时需要混合三种单独的成分，对于技术操作人员来说，在潮湿或多风的天气条件下在现场开展这项工作是很困难的。另外，在一年中的不同时间，灌浆通常会硬化得太快或太慢，这对正在进行的修复构成潜在风险。

2017年6月，英国国家电网启动了环氧灌浆调查项目，与Namco Solutions公司合作启动了环氧灌浆调查项目，以提高在管网中使用更高规格环氧灌浆的可能性。

作为该项目的一部分，Namco公司被要求开发一种只将填料粉末和树脂两部分结合在一起的环氧灌浆，这将使混合更容易。Namco公司开发了两种等级的灌浆，可在一年中的不同季节（冬季为蓝色，夏季为红色）使用（图1-36）。

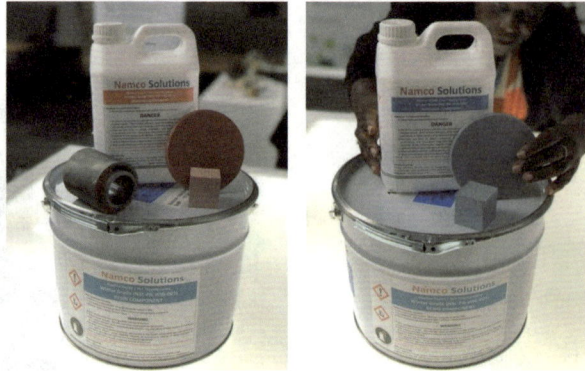

图 1-36    冬季和夏季环氧灌浆

经测定，冬季环氧灌浆的安装温度为 5～20℃，工作温度范围为−40～70℃；夏季环氧灌浆的安装温度为 20～35℃，工作温度范围为−40～100℃。此外，冬季灌浆可在 70℃的温度下保持强度，夏季灌浆可在 100℃的温度下保持强度。由于这些环氧树脂在较高温度下仍可保持坚固，因此可以将它们用于工作温度超过 60℃的高压管道上，以减少复杂的检修工作，降低维修费用。

### 6. 天然气管道检测机器人

通常管道在线内检测是使用称为 PIG 的管道在线检测仪进行的。管道的在线检测提供了有关埋地管道状况的最准确和可靠的信息。但是对于地上设施，如天然气站等，受复杂的管道几何形状、缺乏通道和检索点，以及流量等多种因素影响，PIG 目前无法进行在线检查。

所以亟须设计和开发一种可远程操作的机器人，该机器人可以进入高压 100 巴（克）的低碳钢管道系统中，对系统中难以进入的埋地部分进行视觉和物理检查。机器人具有高敏感性，能够在整个管道中自由移动。

天然气机器人敏捷检测设备（GRAID NIC）旨在设计、开发、建造和测试世界上第一个机器人平台，该平台可以在高达 100 巴（克）的"实时"气体条件下，在直径 30 英寸和 36 英寸的复杂管道环境中工作导航。一旦进入管道，机器人就会自动供电，并具有极其敏捷的活动能力，能够在弯道、三通和梯度处移动，以获取准确、可靠的壁厚数据（图 1-37）。

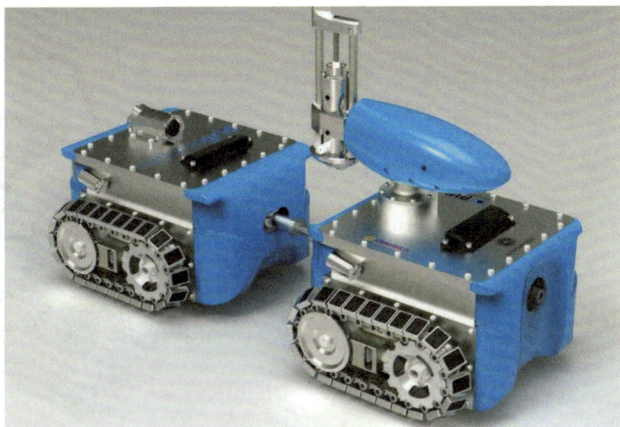

图 1-37　机器人具有双底座

该机器人具有以下特点：

①利用内部检测机器人准确、可靠地确定地上的高压以及地下管道的状况。

②根据对管道实际状况的了解，采用基于风险的方法，对老旧管线进行主动管理和维护，而不是被动应对。

③最大限度地减少不必要的挖掘，减少碳排放，并在 20 年内节省约 5 800 万英镑的成本。

④通过积极主动的资产管理，将管线出现故障的可能性降至最低，从而显著降低高压气体排放到大气中的风险，以及由此产生的财务、环境和声誉影响。

### 7. 管道电流测绘系统 PCM+

英国雷迪公司成立于 1970 年，是一家专业性很强的技术型跨国公司。公司专业生产各类工程探测仪器和工具，他们研发的管道电流测绘系统 PCM+，将埋地管道的腐蚀情况通过测绘电流用直观的数字以及图形等形式形象地表现出来，从而克服了现有各种技术的局限性，为管道状况的评估提供了科学的依据，其效果已在国内外油田、燃气公司中得到证实。

（1）设备构成

管道电流测绘系统 PCM+主要由 PCM-Tx 发射机、PCM+接收机、磁力仪、A 字架、便携式微机、防腐层评价软件、24 V 蓄电池、充电机，以及带 GPS 功能的 PDA 组成。为了提高系统效率，需要 PCM+与 RD8000 同时使用（图 1-38）。

①PCM-Tx 发射机。PCM+系统特有大功率发射机，最长探测距离可达30 千米（19 英里）。最少的管线接入点减少了评估一段管线的时间。该发射机有三种操作模式，可以确保对输配管道系统进行有效的测绘。PCM+

图 1-38　PCM+设备

的连接非常简单，电流读数和电源的发光二极管指示功能帮助操作者根据不同的管线，选择最佳设定。

②PCM+接收机。接收机能定位管道密集区域的目标管道。操作者可测出由系统发射机施加的接近直流的信号电流的大小和方向。接收机进行必要的计算并即时显示结果。这就给操作者提供了有效、先进的测试方法。PCM 能准确定位管线与金属结构的触碰点和护层故障区段，从而准确地检查阴极保护系统。

（2）技术特点

①快速定位并有效测量管道防腐层故障。测量管道腐蚀的电磁检测设备逐渐与 GIS 系统市场上现售的 GPS 系统结合，提供管道状况、位置和时间的相对关系的精确记录，以便进行后期的绘图分析，这是 PCM+的主要功能之一。

②对管道进行预防性维护，延长管道寿命，并在早期发现侵蚀。PCM+系统包括一个便携式发射机及手持式接收机。发射机和 CPS 站点连接，向管道施加一个特殊的近直流信号。接收机可以在最大 30 千米（19 英里）的范围内识别这种特殊信号来定位管道的位置和深度。一旦管道被定位，技术人员就可以绘制沿管道的泄漏电流图，显示出信号电流大小和方向，从而迅速确定防腐层破损位置。确定了管道的破损位置之后，使用 A 字架，

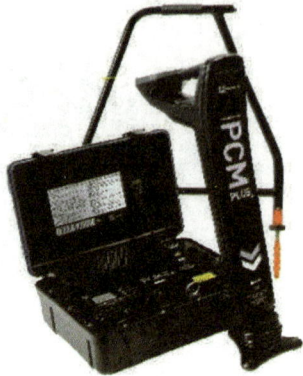

可以进一步将破损位置和深度确定在 1 米（3 英尺）的范围内。

PCM+具有自动信号衰减（ASA）、先进电流方向（ACD），以及适应接地补偿（AGC）的强大功能，甚至能够对与其他金属结构搭接，对存在电干扰或管线密集区域内的管线进行准确、轻松地定位和测绘。并提供 PCM 电流（ACCA）和电压梯度（ACVG）的同步测量，实时测量 PCM 电流（ACCA）和电压梯度（ACVG）。

③简便测量沿管道传播的 CP（阴极保护）电流。操作者不需完成电流跨度，不需手工计算，就可以确定通常需要直连才能测量的沿管道传播的 CP（阴极保护）电流。

PCM+在任何模式下的测绘信息，都会同时储存和显示在接收机上，记录的测绘信息可以使用蓝牙传输到 PC 机或者可选的 PDA（和 GPS 数据连接）上，以图形格式显示来进行快速分析。PCM+及其配套设备是适合管道技术人员准确、快捷和可靠的新型管道电流测绘工具。

# 六、亮点

## （一）健全法律法规和管理体系

经过几十年的发展，英国燃气管线的相关法律法规十分健全，在管道的安装、维护和后期安全管理的任何步骤都有相关规定和法律指南，相关政府部门、权属单位、企业协会等都按照其法律法规和管理体系运作，如《天然气法案》《管道安全条例》《天然气安全管理条例》等。政府方面还成立了健康与安全执行委员会作为独立的安全监察部门，进行行业指导和规范，全面保证了燃气管道建设运行的安全。通过健全的上位法和下行法，以及行业协会等的规范指导，英国形成了一套较为完整的政策指引、行业规章等，有利于行业的健康发展和风险控制。

## （二）落实燃气管线建设经营责任

在英国燃气管线的整个建设到后期的经营管理过程中，政府部门和建设运营单位各司其职，燃气管道建设公司只负责长输管道、输配管道和入户支线的敷设，不负责前端燃气输送和后端消费者购买燃气。而且明确了第三方施工时需要许可才能开工，并给予详细的相关开挖指导培训，全面保证了管线开挖安全。这样有效避免了潜在的管理漏洞，有利于管线各单位各负其责，分工明确并解决实际问题。在重大燃气爆炸事故发生时，也可以第一时间找到责任单位快速处理事故。

## （三）管理方式突出人性化和环保理念

在燃气管线的设计、规划、建设以及运行管理阶段，英国政府各部门都坚持以人为本和环保优先。例如，消防人员在处理燃气应急事故时，会优先确保人员和财产安全，再开始查漏和修复管道。根据人群特点和危害程度，对管线周边的土地和应急距离进行规划，并第一时间根据燃气运营商周边人群的特点，尽量远离人群。在环保方面，规划燃气管道实行审批制度，特别是需要提交管道拟建地区的环境报告等，之后还要负责管道的安全退役。鼓励商业用户安装一氧化碳报警器。再如，在更换老旧的燃气管道时，会通过在铸铁管道中插入 PE 管道的方式来延长管道的使用寿命。

## （四）积极使用现代信息化技术管理燃气管线周边开挖作业

英国在 2006 年就开发了一种名为"VISTA"的可视化集成系统。之后，英国地理空间委员会建立了数字服务系统——国家地下资产登记平台（NUAR），用于共享地下管道和电缆位置的数据。这些现代信息化技术可有效减少因无法确知管线的确切位置而盲目、重复、无序开挖的次数，同时提高挖掘工作效率，减少挖掘施工中外力损坏管线事故的发生。

## 第二部分

# 法国燃气管线
# 安全管理

法国国土面积 55.16 万平方千米，2021 年人口约 6 774.96 万。2018 年，法国有 1 100 万家庭通过法国燃气输配公司提供 700 万条输配支管获取燃气，77% 的法国人生活在法国燃气输配公司输配燃气的市镇。2020 年，法国输配管网连接 9 500 个市镇，累计长度达到 20.07 万千米，是欧洲最长的燃气输配管网。

# 一、发展历史

## （一）法国燃气管线发展情况

法国使用燃气已有 166 年历史，燃气行业发展也因为战争、政治、经济、社会进步和民生改善经历了不同阶段。

法国的燃气事业首先从煤制气开始，20 世纪 50 年代开始有油制气，20 世纪 50 年代末 60 年代初法国拉克气田投产，天然气工业由此得到发展，天然气逐步取代了煤制气与油制气。1946 年，原法国煤气公司实行了国有化，它旗下还有若干个子公司，其总资产占法国燃气行业总资产的 94%。

目前，法国的燃气气源主要是天然气，基本用天然气代替城市煤气。原法国煤气公司在城市煤气转换成天然气时，主要做到以下几点：检查所有设在住宅内的燃气设备、系统地更换灶具部件、检查公共使用的燃气设备、管道增加及现有煤气设施情况。

法国约 98% 的天然气依赖进口。到达法国的天然气通过天然气基础设施输送给消费者。此外，法国有 1 000 万客户使用带钢瓶或罐的液化石油气（LPG）。

法国的燃气行业，跟自来水等公用事业领域一样，至今仍以国家垄断的形式经营运作。法国燃气集团基本垄断了法国燃气的生产、输气、配气和销售，市场份额超过 90%。1946 年，法国政府对燃气领域内的主要公司实行了国有化。后来为适应新的形势，采用了委托管理（或代表管理）制度，各种能源的输送、储存和输配均通过委托管理系统进行有效管理。国家或市政机构，在某一特定的期限内，将提供公用事业服务的权力，以特许权的形式委托给某一私营或国有企业（以私营公司居多）。被特许的公司负责投资各项设施、从事各项建设，为用户服务，然后根据使用者付费的原则，获得经营利润，到期归还资产。

在近两个世纪内，法国在燃气零售市场都采用特许经营方式。进入 20 世纪之后，在《欧盟燃气法令》等法规陆续颁布和实施的背景下，采取垄断垂直一体化经营的原法国燃气集团（Gaz de France）拆分成以原法国燃气苏伊士集团（GDF Suez）为母公司，GRT Gaz（输气公司）、Gaz Réseau Distribution France（法国燃气配送公司）、Storagy（储气公司）、Elengy（液化天然气接收站）等为独立法人的子公司。通过改革，法国燃气竞争性市场初步形成，行业效率得到提升。

苏伊士集团（Suez S.A）在 2008 年与法国燃气集团整合为法国燃气苏伊士集团，2015 年改名法国 ENGIE 能源集团。集团总部位于巴黎，其欧洲能源分部主要负责欧洲及法国的燃气供应、电力生产、能源管理和交易、能源市场和销售以及客户服务。全资燃气输气公司拥有约 3 万千米长输管线，占全法国长输管线总长的 87%；全资法国燃气配送公司拥有 1.6 兆帕及以下的城市输配管线约 19.5 万千米，用户数量共计 1 100 万户，是欧洲第二大燃气输配管网公司，2013 年输气量约 270 亿立方米，负责运营法国 96% 的分销管网；储气公司拥有 13 座地下储气库，有效储气量约 130 亿立方米，约为法国年用气量的 25%；全资液化燃气公司拥有 4 个液化天然气接收站。

法国燃气集团是燃气上、中、下游一体化公司，其上游和输气、配送、储气都由法国燃气的子公司单独经营运作，在财务上是分离的。在上游，法国国内燃气供应商包括道达尔、法国 ENGIE 能源集团和 EON 等 10 余家能源巨头；在中游，全国性的燃气管线系统由输气公司和道达尔燃气基础设施法国公司（Total Infrastructures Gaz France）控制；在下游，法国地方省区与法国燃气配送公司、22 家城市燃气公司（主要位于法国西南部和东部）签署特许经营协议，允许这些企业在特许经营期间为用户提供燃气产品及服务。

## （二）巴黎燃气管线发展情况

19 世纪，巴黎燃气管网发展迅速，以满足不断扩大的公共和私人能源需求。1839 年，巴黎将敷设管道的垄断权授予了 6 家公司，它们在 1855 年组成一个利益集团，合并成一家巴黎公司，保证了燃气管网的一致性。19 世纪下半叶，在银行家佩雷尔的财政支持下，巴黎燃气在分销方面处于垄断地位。这些特许经营者在很大程度上联合了各自社区市场上的管道。满足燃气订购需求和巴黎各地供应的平衡，这是基本标准，促进了燃气分配政策。尤其是19世纪90年代开始的煤气灯，以及在数量上的增长（20世纪初超过5万个煤气灯），证明燃气在19世纪巴黎能源消耗中占重要地位。

巴黎的燃气输送与19世纪城市发展紧密结合。无论是燃气生产厂，还是分销链另一端的消费者，都将其视为城市现代化的基本要素。就像下水道、供水和公共汽车一样，燃气管网在19世纪发展起来，在第二帝国时期急速扩大。"巴黎改造"，即奥斯曼工程，是19世纪法国塞纳省省长乔治-欧仁·奥斯曼所规划的法国规模最大的城市项目。在著名的奥斯曼工程开展之前，巴黎的燃气输送网络已经初具规模，并且在法兰西第三共和国灭亡后仍在持续发展。

巴黎的燃气资源一直以来都较为贫乏，几乎完全依赖进口。针对这一问题，法国政府在20世纪末提出了燃气战略储备概念。这与欧盟制定的燃气10%进口量的要求一致。这就使得巴黎燃气管道系统的规划与调度管理增加了燃气销售和生产等环节，让系统建设人员能够专注于保障燃气管网的可靠运行，以此来维持管道燃气供用气平衡。这样一来，巴黎的燃气管道系统就有能力增减气量，并具备限制或中断用户用气的功能。

巴黎市的燃气季节调峰是由地下储气库系统负责，燃气具体时间的调峰则主要由管道燃气和液化天然气负责。

## 二、建设与管理

### （一）建设情况

法国有19.5万千米的燃气输送管道，其中钢材管道6万千米、聚乙烯管道12.71万千米、球墨铸铁管道6 000千米、铜制管道1 400千米（其中120千米集中在巴黎）。这些管道大多埋在地下，由法国燃气配送公司、当地分销公司（ELD）、获得部长级批准的新运营商和私人网络运营商运营。

截至 2023 年，巴黎的燃气配送管网全长 1 921 千米，服务于几乎所有街道和超过 50 万名客户，还扩展到 4 万多座建筑物的公共区域。法国燃气配送公司在巴黎维护和开发地下燃气管道，并致力于到 2050 年巴黎燃气网络实现 100%供应可再生燃气的目标，其中一部分是本地生产的。还承诺通过减少管网泄漏和改用清洁汽车，到 2030 年将其碳排放减少 30%，到 2040 年减少 50%。

巴黎有两个压力为 69 巴的环状管网，燃气调压后经门站进入城市输配管网。环状管网总长度为 90 千米、管道直径为 500～1 000 毫米。

巴黎燃气配气管道有 4 个压力等级，25～40 巴、16 巴、1～4 巴及 21 毫米水柱。长输管道燃气调压至 25～40 巴，然后进入门站。在门站再一次降到 16 巴和 4 巴后进入城市管网。用户调压器、煤气表与截门组合在一起，装在一只镶在用户外墙上的小箱内。小区调压站一般也是组合成的，调压器、安全阀、截门、过滤器、流量计等设备由工厂组装在箱内。这种调压站和居住建筑之间无安全距离要求。

## （二）管理情况

### 1. 管理部门

（1）法国能源监管委员会

法国能源市场的自由化程度相对较高，但同样也需要调节与规范，法国能源监管委员会（French Energy Regulatory Commission）就扮演着这样一个重要的角色。法国能源监管委员会负责监督和管理能源市场、规范燃气供应商和输配商，保证法国能源市场的透明度和公平性，建立一个能够保证正常供应并开放的能源市场。一方面，法国能源监管委员会严格遵守公平竞争无歧视原则，使任何燃气供应商都可以公平地进入法国本土燃气供应管网参与市场竞争，为各类燃气分配运营企业进入本土市场创造了公平透明的环境；另一方面，法国能源监管委员会出台了一系列燃气企业的定价、收费与服务规范，通过政府相关法令对进入市场的燃气分配商收取一定的服务费用。

　　法国的燃气运营和监管是集中式的，主要由法国燃气集团在法国能源监管委员会直接监管下经营从资源生产、引进、运输和配送等各环节的业务。在输气环节，管输费按成本加合理利润确定，由法国能源监管委员会规定最大许可收益率，一般为 6%～8%。法国管道运输的最大许可收益率（税前）为 7.25%。法国燃气管输费通过成本加合理利润的方式确定，法国能源监管委员会监管管道运输的服务成本，监管周期为 4 年。法国能源监管委员会对燃气管道运输费用实行价格上限的调整监管机制，同时要求管输费的定价是不断下降的，目的是促使管网输配商降本增效，拓展市场，通过扩大输气量的办法保证收益，维持公司日常经营和合理盈利。

　　在配送环节也实行了较严格的监管，配送费一般按成本加合理利润确定。法国对配送环节的最大许可收益率（税前）为 6.75%。法国能源监管委员会对燃气配送费用的监管周期是 4 年。法国能源监管委员会对配送费用同样实行价格上限调整监管机制。对于不同用户，欧洲国家对输配送价格的监管力度有所不同。例如，法国对于垄断性较强的环节监管力度会较大；对于居民用户，94%以上的消费量和 94%的居民用户的燃气价格都被纳入监管范围。

　　法国政府会在燃气价格、企业补贴等各方面给予政策支持和引导。政府可以提出意见，比如以企业技术发展投入和改善燃气城市输配管网投入为由，反对法国能源监管委员会的服务费用规定，提高企业收取的服务费用，从而保证企业的合理利润。政府还在燃气价格监管中起到重要的指导作用，为缓解燃气价格带来的压力，法国政府一方面上调减免折扣；另一方面冻结燃气价格，并与法国燃气苏伊士集团和法国能源监管委员会合作，共同出台新的定价方案，多向调节和引导国内燃气市场。

　　（2）欧洲天然气工业技术协会

　　欧洲天然气工业技术协会（Technical Association of the European Natural Gas Industry，缩写 Marcogaz），是一家非营利性国际协会，成立于 1968 年，代表欧洲天然气行业处理天然气系统整个价值链的所有技术问题。欧洲天然气工业技术协会会员提供技术专长，积极参与政策制定。

　　欧洲燃气安全统计体系（European Gas Safety Statistics，EGAS）由欧

洲天然气工业技术协会建立，并由协会会员统一收集包括燃气长输管道、城镇燃气输配系统和燃气应用的相关安全信息，并将量化的安全性能指标（Safety Performance Indicators，SPI）每年定期公布于欧洲天然气工业技术协会的官方网站上。

欧洲燃气安全统计体系的近期目标主要着眼于以下 3 个方面：加强非专业人士对燃气安全的理解、完善对外公布的燃气工业安全信息、促进燃气工业的标准化和规范化发展。在减碳和能源转型的背景下，目前长输管网对新型能源气体（如氢气、沼气、合成气等）的可接受性也是欧洲近年的关注点之一。

一方面，欧洲天然气工业技术协会会员专家通过共同讨论来明确安全性能因素的具体定义。该协会在全地区、全国乃至全欧洲的范围内开展技术专家研讨会来确定统一、合理且定义明确的安全性能因素，进而不断改进和完善燃气安全信息收集系统。另一方面，《欧洲燃气安全统计报告》作为协会的官方统计资料，具有一定的权威性。该报告公布的全面的统计数据可以作为各燃气运营单位制定相关规范和条例的统一性数据基础。协会还定期召集各会员的燃气专家就该报告的更新和完善展开探讨，并编制统一的基于风险评价的燃气输配管网安全管理手册，该手册得到了权威机构和燃气输配系统运营者的一致认可。

欧洲燃气安全统计体系的近期目标实现后，将继续通过协会加强各会员的燃气专家与欧洲其他权威机构和知名高校的合作，共同探讨燃气安全和其他相关议题，根据风险情况制定新的安全目标，不断地更新和完善欧洲燃气安全统计体系的安全性能指标；逐步制定基于风险的安全评价程序及实施规范，组织各行业的燃气安全培训，推广执行安全评价规范并逐步加强其强制实施的力度，并定期公布安全评价结果；保持燃气行业的健康、有序发展和持续创新，逐步将燃气行业发展的着眼点从安全上升至技术、经济、社会和政治的战略高度。

欧洲燃气安全统计体系的实施分为安全性能因素辨识、收集燃气安全信息、计算安全性能指标、发布欧洲燃气安全统计体系 4 个步骤。欧洲天然气工业技术协会每年都在其官方网站上发布结构如图 2-1 所示的报告，其中包含了燃气长输管道信息（等同于 EGIG 报告）、城镇输配管网信息和燃气应用信息，并以图表的形式公布相关的安全性能指标。该报告还提出了基于安全性能指标的燃气行业安全运营建议。

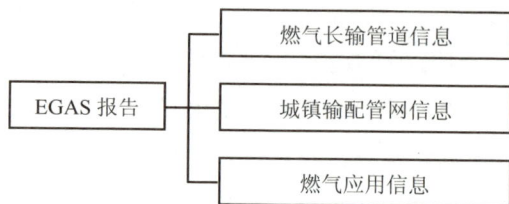

图 2-1　EGAS 报告结构

### 2. 安全管理制度

（1）EGIG 统计

1982 年，6 家欧洲燃气管道运营商组织成立了欧洲燃气管道事故数据组织（Europe Gas pipeline Incident data Group，EGIG），记录燃气管道信息和失效数据。目前，该组织由来自法国、德国、意大利、英国等 17 个国家的管道运营商组成。截至 2016 年年底，欧洲燃气管道事故数据组织统计的燃气管道总长度为 143 000 千米，涵盖了约 50%的欧洲燃气管道。

欧洲燃气管道事故数据组织收集了自 1970 年以来 EGIG 成员国发生的燃气管道事故数据，目前每 3 年出版一次燃气管道事故报告。根据 2018 年 3 月出版的第 10 次 EGIG 报告，1970—2016 年，欧洲燃气管道事故数据组织成员国共发生管道事故 1 366 起。由该组织统计的 1970—2016 年燃气管道整体平均事故率、5 年移动整体平均事故率见图 2-2，图中的整体平均事故率均指从当前年份至统计起始年（1970 年）的整体平均事故率。由图 2-2 可知，随着统计时间的延长，整体平均事故率呈逐渐下降趋势，由 1970 年的 $0.870\times10^{-3}$ 千米/年下降至 2016 年的 $0.310\times10^{-3}$ 千米/年。5 年移动平均整体事故率由 1970—1974 年的 $0.860\times10^{-3}$ 千米/年下降至 2012—2016 年的 $0.136\times10^{-3}$ 千米/年。这表明燃气管道安全性有显著改善，这归功于管道焊接、检测、在线监测、防护等方面的技术进步。

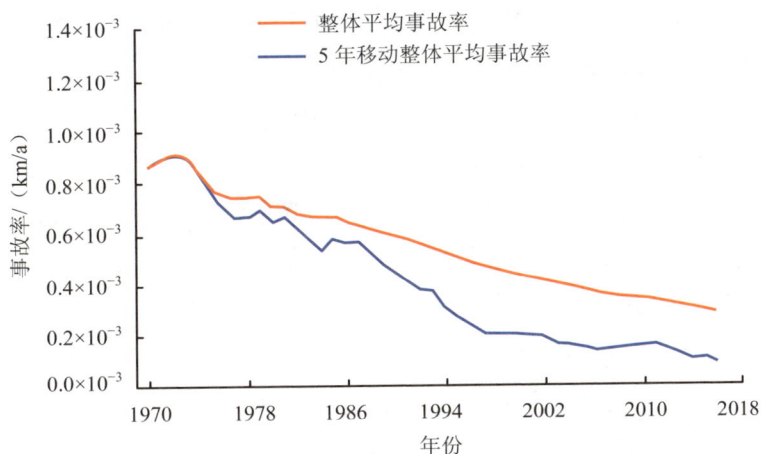

图 2-2　1970—2016 年 EGIG 成员国燃气管道事故率

该组织统计的事故原因有 6 类：外部干扰、腐蚀、施工与材料缺陷、带压开孔失误、地面移动、其他未知原因等。外部干扰包括挖掘、打桩、地面工程等作业施工及设备设施干扰等，腐蚀包括内腐蚀、外腐蚀等腐蚀情况，施工与材料缺陷包括现场施工缺陷（主要为焊接缺陷）及管材的结构缺陷等，带压开孔失误指带压开孔作业中的人为操作不当，地面移动指由堤防破裂、侵蚀、洪水、滑坡、采矿、河流等引起的事故，其他未知原因指不属于上述 5 类的其他原因（如设计误差、雷击、维修失误等）。该组织统计的 2007—2016 年由各种事故原因导致的燃气管道事故比例见表 2-1。

表 2-1　EGIG 统计的 2007—2016 年燃气管道事故比例

| 事故原因 | 事故比例/% |
|---|---|
| 外部干扰 | 28.36 |
| 腐蚀 | 25.00 |
| 施工与材料缺陷 | 17.79 |
| 带压开孔失误 | 3.85 |
| 地面移动 | 14.90 |
| 其他未知原因 | 10.10 |

由表 2-1 可知，对于欧洲国家，由外部干扰导致的燃气管道事故比例最高，其次为腐蚀，带压开孔失误导致的燃气管道事故比例最低。

（2）巴黎燃气事故法国燃气配送公司处理流程

在巴黎，如果出现燃气泄漏或者闻到燃气气味，居民可以拨打法国燃气配送公司客户服务电话 0969363534 直接联系燃气管网运营商。如需紧急维修，居民可按照以下步骤来保护自己：打开家中所有窗户，关闭黄色截止阀或者燃气表上的燃气供应开关（图 2-3），防止家中出现任何可能的火焰或火花，不要打开或使用任何电子设备，不要在房屋内使用电话，离开房屋后拨打巴黎燃气安全应急电话 0800473333（座机拨打是免费的）。法国燃气配送公司每周 7 天、每天 24 小时全天候服务，并对可能的紧急情况做出快速反应。

图 2-3　燃气装置上的黄色截止阀

一旦居民拨打了法国燃气配送公司电话，他们将采取两个阶段的干预行动：首先，电话接线员都是燃气专业人士，他们会尝试对情况作出准确的诊断。因此，居民必须尽可能清楚准确地回答问题，不要试图自己进行维修。接线员根据电话描述的风险，决定要遵循哪个行动计划，并将其传达给负责紧急干预的各个团队。如果居民家中的燃气泄漏是真实存在的，且存在迫在眉睫的风险，运营商将执行"安全燃气应急处理"。在这种情况下，法国燃气配送公司技术人员将在一小时内到达居民家中。他们负责修复损坏的地方，并消除任何风险。如果情况不存在迫在眉睫的风险，电话接线员将启动"法国燃气配送公司故障排除干预"计划。在这种情况下，如果电话是在 8 时到 21 时拨打的，法国燃气配送公司技术人员会在 4 小时内到达居民家中。21 时以后，法国燃气配送公司技术人员则在次日 8 时到 12 时修复故障。

工作人员对居民家中的燃气装置进行任何修改或翻新，都必须附上安装合规证书，并由 Qualigaz 检查机构进行验证。

如果居民燃气装置出现问题或新房子的燃气连接出现问题，必须联系法国燃气配送公司。实际上，管理燃气管网的是法国燃气配送公司而不是能源集团。如果在搬家过程中，居民忘记提前进行燃气连接，而且又必须在新住址使用燃气，那么必须联系燃气供应商，并且由燃气供应商联系法国燃气配送公司。燃气紧急调试的成本比正常程序高得多。表 2-2 是法国燃气配送公司调试时间和调试费用。

表 2-2　法国燃气配送公司调试时间和调试费用　　　　单位：欧元

| 调试时间 | 调试费用 |
| --- | --- |
| 标准时间（5 天以后） | 18.58 |
| 快速（24～48 小时） | 59.61 |
| 紧急（当天） | 143.01 |

如果燃气服务在城市输配管网发生事故后被中断，法国燃气配送公司负责提供必要的诊断和燃气恢复服务。

如果燃气服务因未付账单而中断，唯一的解决办法是还清全部账单。在通常情况下，在法国燃气配送公司取消服务之前，消费者会收到一封情况告知函，其中会指明服务中断的大概日期。如果燃气服务已被中断并且没有收到任何类型的信件，请尽快联系燃气供应商。对于难以支付燃气账单的客户，法国燃气配送公司提供不同类型的援助，如住房团结基金。

（3）法国燃气配送公司安全管理手段和方法

自 2007 年 7 月 1 日起，法国政府全面开放了其能源市场，彻底结束了大型企业在国内能源市场上的垄断地位，这意味着市场用户可以自由合法地选择燃气供应商，原本经营性公共部门也迎来了企业转制和法国能源系统体制调整的挑战，公共服务部门将逐渐削减国家持有股份比例变为开放资本的上市公司。

法国燃气配送公司作为法国燃气苏伊士集团的下属独立的经营机构应运而生。在其发展过程中，该公司针对燃气安全有一套自己的安全管理手段和方法。在确保燃气供应质量和保护环境的同时，其首要任务是确保人员和资产安全。为实现这一目标，该公司持续监控燃气管网，始终将安装和操作等所有阶段的安全放在首位。他们采取以下 7 个方面相应措施：

①燃气安全管理信息系统。

法国燃气集团对管网实行严格管理，从设计安全和风险分析着手杜绝一切可能的安全隐患，借助风险管理工具建立燃气安全管理信息系统。该系统作为综合管理系统，在法国燃气的安全管理中发挥着举足轻重的作用（图 2-4）。

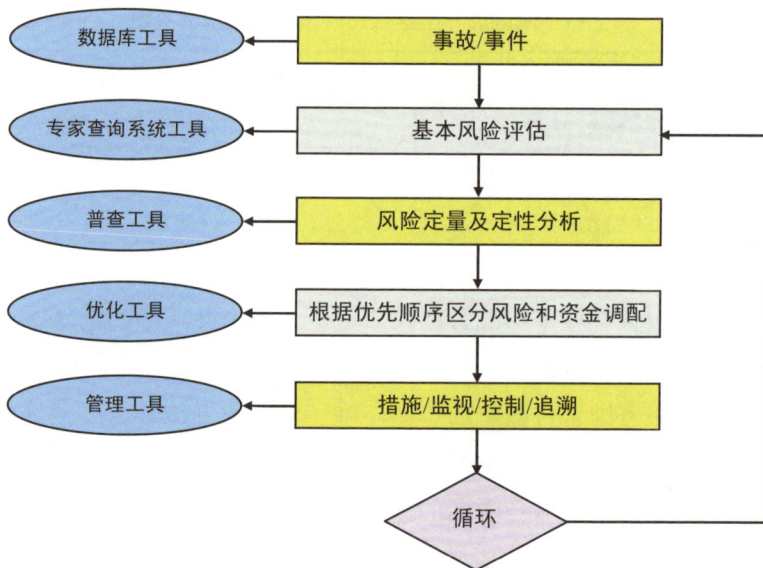

图 2-4　法国燃气安全管理信息系统

高度创新的燃气基础设施的设计完全符合法规。管线和阀门的位置、其他相关的所有部件在施工期间受到严格监管。在法国的燃气配送过程中，其管理体系均通过了 ISO 9001（质量）和 ISO 14001（环境）认证。

法国燃气配送公司正在整合越来越多的技术，以打造更绿色、更安全和更具竞争力的能源系统。2016—2019 年，法国燃气配送公司在研发项目上投入了 4 300 万欧元。2020—2023 年，研发预算增加到约 6 300 万欧元，其研究方向是智能燃气管网、可再生气体、电网的安全和卓越运营，以及客户安装的灵活性和安全性。

管网安全是法国燃气配送公司战略的核心。他们每天在燃气管网安全方面投资 100 万欧元。该优先支出项目旨在：管网现代化（50%）、为客户（25%）提供维护和维修服务、监控管网并培训专业领域的专业人员（25%）。

地理信息及定位系统（GIS）。由于法国燃气配送公司拥有全面准确的基础信息数据库，它涵盖了其所有燃气城市输配管网信息，这些数据甚至延伸到社区低压管线等的数据信息，使其地理信息及定位系统中实现了进一步优化。法国燃气配送公司完善的基础数据记录使得地理信息及定位系统可以有效地提供整个管网及各分支线的地理位置及管线数据信息，为企业提供管网运行维护更新，提供科学的数据和准确的决策依据。

信息反馈系统（REX）。事故数据库是目前法国燃气配送公司管网运行安全评估进行量化的重要参照，其收集的燃气事故相关数据对燃气企业的安全准备工作和应急抢险工作提供了非常重要的参考。法国燃气配送公司专门建立了一个较为完善的信息反馈系统，它可以将管网上发生的所有事故所产生的数据和信息全部作跟踪并及时回馈记录，使事故具体情况可做量化处理，还可以随时成为事故分析和预测的重要参考数据。在信息反馈系统的帮助下，事故数据库的信息收集整理工作可以做到拥有很好的质量监控，所有步骤均被严格遵守，分析结果可信度大幅提高。

②专业化抢修体系。

法国燃气配送公司的燃气安全应急服务电话为 08004733333，这是所有个人、消防员和企业均可拨打的电话。三个地理站点 Sartrouville、Lyon 和 Toulouse 可互相操作此号码，但他们在单一平台运行。来电会在没有预先确定的情况下分配到一个或另一个站点，以便尽可能快地提供支持。该平台拥有 127 名员工，每年接到约 100 万个电话。个人电话最终连接到语音服务器，该服务器电话询问是否涉及燃气气味、维修、商业问题或电力问题。只有出现前两种情况，即其中的 42 万个呼叫会与操作员进行连接。93%的电话会在 30 秒内接听，99%在 60 秒内接听，99.85%在 2 分钟内接听。燃气安全应急服务的任务是，通过调动法国燃气配送公司有关的工作人员（或负责的分包商）来确定呼叫并启动干预行动。其目标是，在 80%的情况下，将从呼叫到分配给干预技术人员之间的时间控制在 5 分钟以内。

以巴黎为例，法国燃气集团在巴黎设有一个呼叫中心和 23 个区域抢修所，负责巴黎地区的燃气事故抢修，当然，还有其他技术部门的支持。呼叫中心的工作主要是负责接听用户电话，为用户提供建议和技术支持，遇到燃气事故时，要及时传递给巴黎地区的各抢修所（Emergency Team）。该呼叫中心业务涵盖的用户达到 360 万户，每年接听电话 28 万个，其中与燃气有关的电话有 13.5 万个，占总电话处理量的 48.2%。

呼叫中心在接到燃气事故报告后，要在 5 分钟内答复用户，告诉用户最简单有效的处理办法，同时，通知抢修所在 30 分钟内赶到事故现场实施抢修作业。

③专业化培训。

燃气是一种危险的燃料，安全设计和有效的更新、维修作业只有通过有专业技术的作业人员才能实现，这就需要有专业技术的工程师对员工进行指导和培训。

法国燃气集团每年会对本企业的员工进行不同层次的培训，特别是一线作业人员。培训由法国燃气协会组织，他们负责对培训需求进行分析，设立培训程序，进行培训考试，颁发培训资格证书等。只有通过培训考试取得资质的人员才可入户作业。

法国燃气配送公司实施人才保障战略。人才培养主要依赖法国燃气集团的培创体系。该集团培创体系建设起步早、成型比较完善，根据培训和创新两个方面，由下属的三个机构负责执行教育、培训和创新工作，分别是培训学校（Energy Formation）、企业大学（Enterprise University）和研发中心（R&D Center）。每年通过不断培训，一方面推广新技术、新设备的操作应用，另一方面对一线操作工人和基层管理人员进行回炉再练，确保他们具有熟练的专业操作技能和水平，比如，法国燃气配送公司规定，对一年处理事故不超过 5 起的 CE（调度长）必须重新培训并进行资格考试。

在长期的安全管理实践中，法国燃气集团认识到所有事故的发生均与人的行为及组织的行为有直接关系，所以安全管理的核心就在于对人和组织的因素分析和对其失误的预防。法国燃气集团风险管理部门认为，以下 4 种因素均可造成燃气企业安全管理上的风险。

企业文化因素：企业在安全文化上的建设不足，同时缺乏交流和沟通，造成安全服从于企业日常生产运营的现象。

管理因素：对各种危险源的辨识和分析不足，风险评估方法不完善，缺乏专业培训或面对重大危机时缺少预案。

组织因素：事故处理流程、信息反馈渠道不畅通，职责界定模糊和无序调配资金。

人的因素：第三方作业所造成的事故，人为的故意破坏行为和非故意的破坏行为等。

④定期检查制度。

法国政府和监管部门会派出燃气监控人员定期到法国燃气集团检查，如果发现隐患则提出警告，若集团在 30 天内未采取措施，政府和监管部门可上告到法院或要求公司停牌。

另外，法国能源部每年会颁发燃气安全许可证，要求燃气公司提供以往的案例和一整套的安全管理体系及操作规范，由企业的高管人员签订承诺书，即保证有相关的技术和一定数量的人员在公司工作。有了安全许可证后，燃气企业要定期向能源部的安全部门报告相关事故案例，如有违规操作，能源部可以向法院提起诉讼。

⑤安全管理技术。

每年法国燃气配送公司会对大约 7 万千米的管线进行检查。该任务由使用管网监控车辆（NMV）的团队执行。该车辆检测并定位地下管线的任何潜在泄漏。此外，法国燃气配送公司技术人员每天都会携带便携式设备，以步行方式实施预防性检测。除了日常管网监控，还会在任何可能导致恶化的事件发生后进行系统控制。法国燃气配送公司的地理定位系统可以精确定位整个国家的所有管网和连接。该公司还投资将所有新燃气装置的测绘数字化，并提高现有测绘系统的可靠性。法国燃气配送公司有 300 名制图员每天更新管网状态。

⑥注重基础设施投资建设。

2018 年，法国燃气配送公司投资 9.73 亿欧元用于输配管网的发展、维护和利用，其中 3.07 亿欧元用于配气管网安全及现代化改造，该数值在过去十年基本保持稳定。

为确保城市燃气输配系统的安全运行，法国对城市燃气输配系统进行了全面的风险评价，发现灰铸铁管的超期服役是影响燃气输配系统安全性的最主要原因。近 20 年来，法国一直致力于灰铸铁管线的改造工程，该工程已于 2007 年结束。目前，法国的城市燃气输配系统的安全性已得到极大的提高。针对此现状，法国燃气配送公司在确保燃气管网安全运营的基础上，进一步考虑安全管理的经济性，进而制定更加合理的城市燃气输配系统的管理方案。

⑦与承包商和管网运营商密切合作。

防止当地建筑工程对燃气管网造成破坏也很重要。法国燃气集团利用所有可用资源来协调法国燃气配送公司与所有相关方（承包商、公共工程公司和管网运营商）的安全工作。

道路施工是引起燃气事故的重要原因。因此，法国政府设立了"统一窗口"系统，网址为 www.reseaux-et-canalisations.gouv.fr，方便进行工程声明和不同当事方之间的交流。自 2012 年 7 月开始强制使用该系统。2013 年年底，已有超过 16 000 家经营商（涵盖整个系统 97% 的分销商、运输商、电力、水、通信等）在该系统注册。所有施工项目声明/工程开工意向声明在公布之前都必须咨询系统中的相关信息。在线的地图数据库可以帮助施工方确定要开展的工程所占土地的边界。

另外还有其他措施来补充完善与工程相关的城市化机制。通过地面步行或航拍的方式监控管道布置是运输商常用的方式。另外，与现有运输管道危险相关的公用事业地役权（SUP）在 2014—2018 年相继实施，以便更好地管理城市施工。

### 3. 燃气事故情况

（1）法国燃气管道事故

法国每年发生二十多起与燃气输送相关的事故。75%来自在这些输送管网附近进行的第三方施工。造成事故的其他原因还包括恶意行为和设备故障。

与使用燃气有关的事故比涉及液化石油气的事故要多。所有气体事故加在一起，法国记录的事故为每年 108 起，平均每周 2 起。其中大部分发生在居民家中，涉及气瓶、炉灶和锅炉。法国有 900 万户家庭使用燃气，每年约 6 000 人因气体泄漏而中毒。

在法国家庭中，家用燃气灶产品参考欧洲标准 EN30。国际上确定器具能效标准的方法主要有三种：最小标准值系统、平均标准值系统、最大值标准系统（领跑者系统）。法国采用的是最小标准值系统，产品标准与能效标准中规定的限定值一致，如果产品达不到标准值，则不允许销售。法国使用的燃气灶产品普遍火力较小，且喜欢使用平底锅进行煎炒。

法国使用以下三种类型的燃气来取暖或做饭。

①天然气：也称为城市煤气，是从天然矿藏中产生的气体。它由城市管网输送，用户可以使用分配给每个消费地点的唯一编号来查看他们的消费情况。

②生物甲烷：有机垃圾分解产生的气态混合物，它主要由用作能源的甲烷组成。原理与天然气相同，在家用燃气灶中使用，用于加热。

③液化石油气：以丁烷或丙烷的形式，以液态在钢瓶中运输，需要使用支架。

法国发生过严重的燃气事故，这些证实燃气传输和使用存在现实风险（表 2-3）。

牟罗兹事故主要原因是灰色铸铁管道破碎导致泄漏，次要原因在于管道上方存在坚硬物体（公共照明路灯的基座）。

法国燃气生产与运输管理局统计过一些管道事故。其统计事故的标准如下：火灾、设备运行中断、输气中断、燃气泄漏至空气中、资产损坏、管道钢材损坏、公共服务或传媒介入等。1976—1988 年共有 788 起事故，其中 62 起导致输气中断。在这 788 起事故中，69%是由第三方施工引起的，

31%是由其他原因（腐蚀、材料或建造缺陷、地面移动、错误操作、虚假警报）引起的。

表2-3　法国燃气事故发生情况

| 年份 | 地点 | 伤亡情况 |
|---|---|---|
| 1974 | 巴黎奥赛尔街 | 5死11伤 |
| 1999 | 第戎 | 11人死亡 |
| 2004 | 牟罗兹 | 17人死亡 |
| 2006 | 里昂 | 1名消防员丧生，约40人受伤 |
| 2007 | 巴黎市郊邦迪镇 | 1人死亡、42人受伤，原因为管道损坏 |
| 2007 | 诺瓦西勒塞克车站 | 2人死亡，原因为管道损坏 |
| 2008 | 里昂 | 1人死亡，原因为管道损坏 |
| 2014 | 罗尼苏布瓦酒店 | 8人死亡，原因尚不明确 |

在欧洲有6家传输商（英国燃气集团、NV Distrigaz SA、法国燃气集团、荷兰能源气体联合公司、鲁尔燃气公司、意大利斯纳姆输气公司）曾合作进行一项燃气方面的研究，其中涵盖了大约97万千米/年的数据。这项研究只给出了根据严重性和原因类型计算的事故频率。事故频率显示，有50%的事故由第三方造成，其数据为每1 000千米每年0.33起。所有其他原因合计为每1 000千米每年0.31起。

（2）巴黎燃气管道事故

在巴黎，平均每年有5起与燃气有关的事件，但爆炸事故很少。其中有70%与立管有关，20%与个人使用不当有关。巴黎消防局提醒，98%的气体相关事故（爆炸、泄漏等）都是由于设施破旧、设备缺乏维护和粗暴施工造成的。巴黎及其近郊的严重事故往往是人为因素造成的。在事故方面，负责巴黎及其近郊的巴黎警察局中心实验室（LCPP）强调，微小的泄漏很少导致爆炸，多数爆炸事故往往是快速的大量泄漏造成的（表2-4）。

表 2-4　巴黎及其近郊燃气爆炸事故数量统计　　单位：起

| 年份 | 2001 | 2002 | 2003 | 2004 | 2005 | 2006 | 2007 | 2008 |
|---|---|---|---|---|---|---|---|---|
| 燃气爆炸事故 | 8 | 7 | 4 | 6 | 6 | 5 | 10 | 10 |
| 年份 | 2009 | 2012 | 2013 | 2014 | 2015 | 2016 | 2017 | 2018 |
| 燃气爆炸事故 | 8 | 1 | 3 | 3 | 1 | 6 | 6 | 0 |

信息来源：巴黎警察局中心实验室。

2015 年 3 月在巴黎近郊，一个废弃设施的独立切断装置被打开，导致燃气泄漏，一间公寓发生爆炸，造成 10 人重伤。

2016 年在巴黎 11 区，一个独立切断装置重新投入使用，该装置之前仅由一家公司简单地进行了铅封，导致燃气泄漏并爆炸。

2016 年 4 月在巴黎 6 区，消防员打开了一个废弃的管道截止阀，引发爆炸和火灾，造成 17 人受伤。

2019 年 1 月 12 日在巴黎 9 区，一家面包店因煤气泄漏发生严重爆炸事故，造成至少 4 人死亡，其中 2 名为消防员，54 人受伤，其中 10 人伤情严重，附近的居民被紧急撤离。

2019 年 6 月在巴黎 13 区，一条燃气管道泄漏，导致燃气通过管道的套管扩散到公共区域，但没有发生爆炸。

2022 年 7 月 7 日凌晨，巴黎第 15 区沿 rue de Javel 道路的一片区域发生煤气泄漏，消防员进行紧急干预。在凌晨 5 点左右紧急疏散了周围居民，设立了一个宽阔的安全边界，并要求电力部门切断该地区的电力。37 条街道受到停电影响。当天 14:30，消防员成功堵住了煤气泄漏处。

2001—2018 年分为两个时期：前 10 年平均每年发生 7 次气体泄漏导致的爆炸，后 10 年平均每年发生 3 次。

除了自杀未遂事件有所减少，地下泄漏及软管断开或泄漏的情况也显著减少。2004 年，牟罗兹事故后，巴黎全市进行的翻修工作可能有助于减少地下泄漏；室内燃气设施的免费检测减少了仪器或软管泄漏的风险（表 2-5）。

表 2-5　巴黎及其近郊燃气爆炸事故原因统计　　　　单位：起

| 年份 | 原因 | | | | | | | | |
|---|---|---|---|---|---|---|---|---|---|
| | 自杀未遂 | 管道断开或泄漏 | 地下或通用切断装置之前的泄漏 | 仪器泄漏 | 个人偶然打开管道 | 专业人士偶然打开管道 | 维修或施工 | 管道遗弃后封印缺失 | 立管泄漏 |
| 2001—2009 | 14 | 11 | 9 | 6 | 9 | — | 3 | | 2 |
| 2012—2019 | 4 | 3 | 1 | 2 | 6 | 4 | 3 | 1 | 0 |

信息来源：巴黎警察局中心实验室。

　　重大事故往往发生在地下管道上，或发生在处理不当的废弃连接件上，例如打开截止阀时选错截止阀，导致废弃的管道内重新充气，专业人员要为此负责。其次是在公共道路上施工对管道的损坏。个人或专业人员错误打开截止阀的情况，尤其令人遗憾，因为这些行为造成的损害是最严重的。立管泄漏导致的爆炸在近 20 年发生了 2 次，数量非常少。

　　在公共区域和私人领域均有事故发生。燃气许可权管理部门和管网运营商指出，95%～97%的燃气相关事故起源于室内设施。法国燃气配送公司提供的数据显示，这一比例还在持续增加；在燃气表下游事故中增长到98%，导致 2016—2018 年有 96%的受害者（表 2-6）。

表 2-6　燃气事故及受害者分布

| 类型 | 燃气表上游事故数量 | 燃气表下游事故数量 | 燃气表上游事故受害者数量 | 燃气表下游事故受害者数量 | 燃气表上游事故数量 | 燃气表下游事故数量 | 燃气表上游事故受害者数量 | 燃气表下游事故受害者数量 |
|---|---|---|---|---|---|---|---|---|
| 时期/年份 | 2003—2016 | | | | 2016—2018 | | | |
| 总数/（件/人） | 153 | 3 046 | 488 | 8 766 | 9 | 394 | 38 | 975 |
| 占总数比例/% | 5 | 95 | 5 | 95 | 2 | 98 | 4 | 96 |
| 其中：一氧化碳中毒人数/人 | — | — | — | 8 011 | — | — | — | 904 |
| 除一氧化碳中毒外人数占比/% | — | — | 39 | 61 | — | — | 35 | 65 |

信息来源：法国燃气配送公司。

　　法国燃气配送公司也指出，在已知的燃气表下游事故中，绝大多数是一氧化碳中毒的受害者，主要与燃气设备故障有关。

## 三、政策法规

　　为了适应燃气工程建设，规范燃气安全运营，法国出台了一系列规章制度，用于对各种燃气建设活动进行系统管理。为力求在"欧洲统一大市场"的竞争中提高竞争力，法国政府根据欧盟有关开放能源市场的要求，逐步实施能源体制改革，先后于 1996 年、1998 年和 2003 年将欧盟相关规范条令纳入法国法律。

　　法国的燃气安全法遵守的是《欧洲燃气法令》确定的安全标准（EU54/2003、EU55/2003、EU/67/2004），在此基础上，法国建立了相应的标准技术规范、安全管理技术及燃气技术规范和企业内部运行规程、工作准则等。法国的燃气安全立法可以分为三部分：一是要求通过采用各种措施保护用户生命、生活安全；二是限制由能源设备的损坏而引起的经济损失和给第三方造成的危害；三是健全高效的紧急处理机制，力求将人员伤亡降到最低。

　　法国城市燃气管网设计主要遵循《2000 年 7 月 13 日法令》《1977 年 8 月 2 日法令》《公共服务义务》《燃气配送特许经营权法案》《2012 年 3 月 2 日法令》等法规。《2000 年 7 月 13 日法令》对城市燃气管网设计、建造、安装、运行、维护全过程进行规范，是目前法国城市燃气管网设计的主要参考规范。《1977 年 8 月 2 日法令》是户内燃气管线及设施的技术安全法规。《公共服务义务》颁布于 2004 年 3 月 19 日，旨在保证城市燃气供应的连续性，该法规明确城市燃气管网设计规模应满足 50 年一遇极端气候条件下的配送规模。《燃气配送特许经营权法案》主要从维护公共利益和公共安全的角度，规范燃气配送行业的活动。《2012 年 3 月 2 日法令》针对压力 1 兆帕以上口径大于 200 毫米的管道和压力 1.6 兆帕以上的所有口径管道，提出了特别的安全要求。

　　燃气领域相关法律法规如下所述。

## （一）燃气管道埋地敷设相关法律法规

敷设燃气埋地管道时，必须满足燃气法规中的一些条件。

法国于 2018 年 2 月 23 日颁布的《关于适用于个人或集体住宅（包括公共区域）燃气装置的技术和安全规则的命令》第 10 条对燃气管道的一般敷设进行了规定。该法令自 2020 年 1 月 1 日起生效，取代 1977 年 8 月 2 日修订后的法令。

国家燃气能源专业人员专业知识中心（CNPG）发布的《燃气安装指南》及住宅内的燃气装置标准 NF DTU 61.1 第 2 部分第 5.3.2 节提供了埋地燃气管道安装的详细信息。在敷设地下管道时，必须考虑几个参数：所挖沟渠的深度、管道接缝的性质、回填元素、警示装置、管道的电气绝缘。管道安装深度必须至少为 0.5 米。如果不能遵守此最小埋深，则必须采取足够的保护措施，防止园艺工具、木桩等造成的冲击。可以通过护套或沟槽提供这种机械保护（图 2-5）。

如果管道放置在护套下，则护套必须耐腐蚀，如 PVC 护套。如果管道放置在通道中，则必须用沙子填充，禁止填充熟料或海砂。

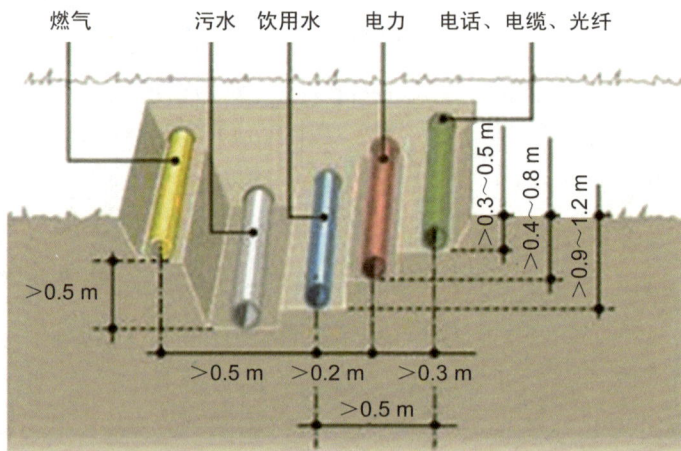

图 2-5　燃气管道埋地深度示意图

　　为了避免刺穿燃气管道及其可能的涂层，管道必须安装在稳定的，铺有石头的、坚固的、没有硬点的开挖底部上。开挖回填也必须采用细小且均质的物质（石土、沙子），最高可达管道上方 0.2 米。除此之外，回填是逐层夯实的，禁止使用海沙或熟料（图 2-6）。

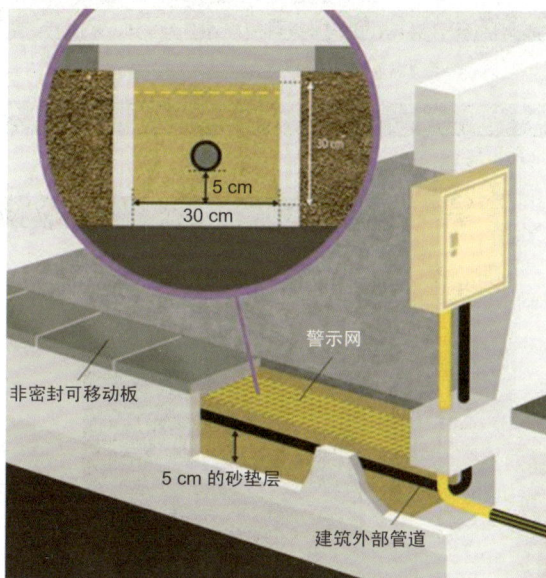

图 2-6　燃气管道回填要求示意图

　　法国的各种管道使用不同颜色加以区分，而且各自的直径也不相同（图 2-7）。埋地管道必须通过警示装置加以提醒，该警示装置放置在管道上方约 0.2 米处，以便在挖掘、土方工程等过程中显示存在燃气管道的信号（图 2-8）。在敷设管道时，没有设置开挖开口（下沉、钻孔、套管等），或敷设的覆盖层小于 0.2 米并包含适当的机械保护时，则不需要该装置。在这两种情况下，必须使用标记来标注管道的末端（例如仪表罩和带有"小心燃气"字样的提示）。如果其管线方向既不笔直也不明显，则必须在位置图上报告。该位置图副本须提供给业主或其代表。

　　当埋地管道有钢段与铜管连接时，该段与其他段的连接处采用绝缘连接。

　　埋设燃气管道应遵守的规则如图 2-9 所示。

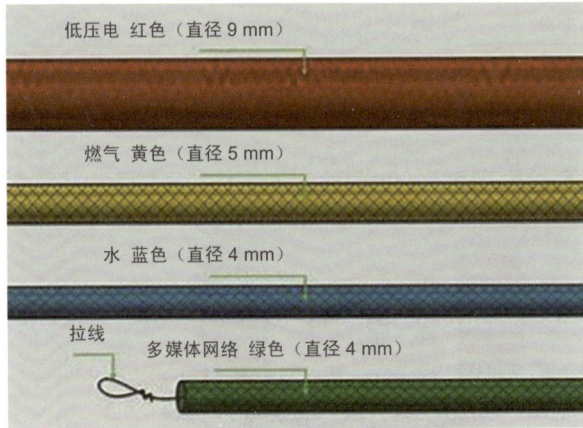

图 2-7　各种燃气管道颜色及其直径示意图

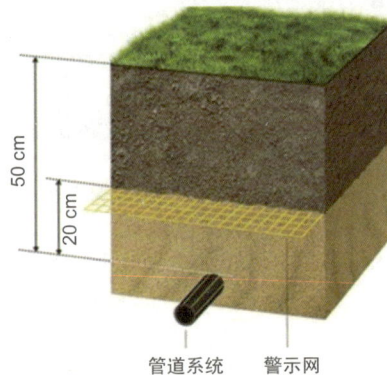

图 2-8　埋地管道系统的警示装置示意图

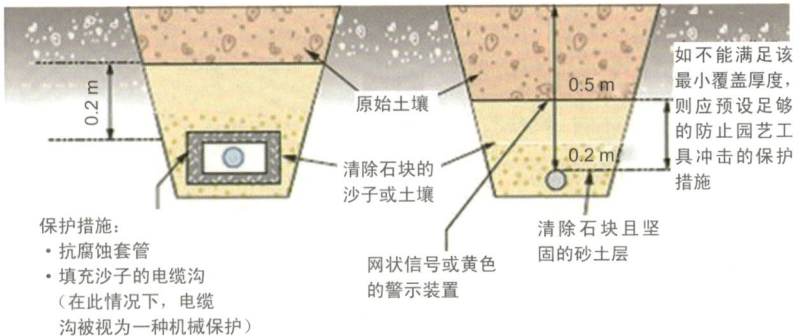

图 2-9　埋设燃气管道应遵守的规则示意图

## （二）燃气器具安全相关法律法规

法国于 2000 年 7 月 13 日通过有关管道燃气输配安全的法令，完善燃气运输与燃气使用之间的监管框架，为管道城市输配管网设定令人满意的安全水平，为所有运营商建立共同的监管框架，并使其负责。除其规定的基本安全要求外，还参考了由专业机构制定并经燃气安全部长批准的欧洲标准和规范。

2009 年 11 月 30 日欧盟颁布的第 2009/142/EC 号指令规定了燃气器具的强制性和基本安全要求，包括不向住宅排放危险燃烧产物。该指令是指协调标准，符合这些标准的设备被视为符合规定的基本要求。该指令要求需由欧盟委员会机构进行符合性评估，之后在设备上贴上 CE 标志。该指令适用于所有燃烧气体燃料的设备，如用于烹饪、加热、热水生产、制冷、照明和清洗等。因此，该指令涵盖了大多数贸易消费品。此规定不涉及严格用于工业用途的设备。

法国燃气器具相关法律和法律条款有《环境法》第 L.557-1 至 L.557-61 条 "高风险的产品和设备"、《环境法》第 R.557-1 至 R.557-15-5 条 "压力设备"、自 2018 年 1 月 1 日起生效的《关于适用于个人或集体住宅建筑（包括公共区域）燃气装置的技术和安全规则的命令》。

为避免事故发生，燃气分配管道附近的监管工作受《环境法》第 L.554-1 至 L.554-5 条和第 R.554-1 至 R.555-61 条及其适用法令的约束，特别是 2012 年 2 月 15 日颁布的法令。

## （三）家庭燃气设施安全相关法律法规

1977 年 8 月 2 日法国颁布了《住宅楼及其附属建筑的燃气和液化烃装置的技术和安全规则》。该规定对于新的或修改的装置，必须由经批准的检验机构颁发合格证书。Qualigaz、DEKRA 和 Copraudit 是目前获得认证的组织。自 2018 年 1 月 1 日起，该规定将被 2018 年 2 月 23 日法国颁布的《关于适用于个人或集体住宅建筑（包括公共区域）燃气装置的技术和安全规则的命令》取代。

为了提高安全性，2007 年 4 月 6 日颁布的第 1 号法令和第 2 号法令要求，在出售房屋时对室内燃气装置的状况进行诊断。每年约有 20 万个装置将受到这项措施的影响。同样，一些燃气分销商和供应商向客户提供其内部燃气装置的自愿诊断。

为了确保通过管网供应燃气和液化石油气的家庭安全，《2012 年 4 月 25 日法令》修订了上述《1977 年 8 月 2 日法令》，禁止危险连接。因此，必须在 2015 年 7 月 1 日之前用集成自动关闭阀替换具有不可拆卸端部的阀门，该端部安装有柔性橡胶管；在 2019 年 7 月 2 日之前用带有可拧机械端件的柔性软管替换内径为 15 毫米的柔性橡胶管。

## （四）燃气施工相关规范

《个人和集体住宅建筑燃气施工规范》（REAL1010）是法国燃气配送公司在现行条例（特别是经修订的《1977 年 8 月 2 日法令》《1986 年 1 月 31 日法令》和 NF DTU61.1 标准）的框架内制定的连接住宅建筑设施的施工规范。它是项目业主和安装人员的参考文件。

法国燃气传输共有 3 种不同的压力，即低压、中压 A 和中压 B，其中 0.4 巴（不含）到 4 巴（含）属于中压 B。一般来说，出于运营原因，法国燃气配送公司倾向于为集体住宅建筑内部的设施使用低压（BP）供气。在这些设施中使用中压 B 应属例外情况。无论何种情况，应由当地法国燃气配送公司分销商在低压和中压 B 之间作出选择。

出于运营和安全原因，应优先考虑通过立管和独栋私宅管道进行连接。通过燃气表室（或燃气技术柜）和燃气表后接线进行连接应属例外情况，并且必须在施工前，由当地法国燃气配送公司分销商在审查临时施工说明清单过程中进行验证（除非达成特定的国家协议）。为了避免在工程验收时出现任何争议，法国燃气配送公司要求其合作开发商、建筑师、安装商等尽早向其发送工程的临时施工说明清单（由条例规定），该施工说明清单应尽可能详细完整。该施工说明清单应作为法国燃气配送公司和业主之间交流的依据，特别是用于验证任何特殊或非典型点（在过道安装箱体、选择管道材料等）。法国燃气配送公司将在收到本文件后一个月内作出答复。此答复等同于法国燃气配送公司的契约，在施工过程中不应对其产生质疑。法国燃气配送公司能够提供文件中提到的某些材料（定位铭牌等）的供应商的联系方式。

## 四、相关标准

　　燃气是一种易燃易爆的气体，如果在生产、运输、储存和使用等环节中出现问题，就会造成严重危险。法国制定了一系列的标准，来规范燃气的生产、运输、储存和使用等环节，保障燃气的安全、高效、环保和可持续发展。

　　燃气设计的相关标准见表 2-7。

表 2-7　法国燃气设计标准

| 序号 | 标准号 | 标准名称 |
| --- | --- | --- |
| 1 | NF DTU 61.1 | 《住宅内的燃气装置　第 1 部分：术语》<br>《住宅内的燃气装置　第 2 部分：技术条款手册》 |
| 2 | NF P45-204—2010 | 《建筑业—家用燃气装置　第 1 部分：术语》<br>《建筑业—家用燃气装置　第 2 部分：技术规范——一般配置》<br>《建筑业—家用燃气装置　第 3 部分：技术规范—除燃烧产物排放外的特殊处理》<br>《建筑业—家用燃气装置　第 4 部分：技术规范—燃烧产物排放外的特殊处理》<br>《建筑业—家用燃气装置　第 5 部分：通用装置》<br>《建筑业—家用燃气装置　第 6 部分：特殊条款的合同清单》<br>《建筑业—家用燃气装置　第 7 部分：计算规则》 |
| 3 | NF D32-321-4/<br>IN3—2013 | 《家用燃气灶具安全性　第 1～4 部分：带自动燃烧控制系统的一个或多个燃烧器的器具》 |

| 序号 | 标准号 | 标准名称 |
|---|---|---|
| 4 | NF D35-301—1991 | 《采暖设备，固体燃料，固体矿物燃料加热器（可拆卸金属炉　补充厨房炉灶）》 |
| 5 | NF E31-520—1998 | 《专用液化石油气用具规范：移动式和便携式非家用强制对流直燃式空气加热器》 |
| 6 | NF D35-379/A1—2003 | 《装饰性节省燃料的燃气器具》 |
| 7 | NF D35-355—2004 | 《专用液化石油气设备规范　不超过 10 kW 的无烟道非家用空间加热器》 |

燃气运行维护和管理的相关标准见表 2-8。

**表 2-8　法国燃气运行维护和管理标准**

| 序号 | 标准号 | 标准名称 |
|---|---|---|
| 1 | NF M50-008—2012 | 《燃气基础设施　压力试验、交付使用和停运过程　功能要求》 |
| 2 | NF M50-005-4—2012 | 《燃气基础设施　第 4 部分：压力不超过 16 bar 的管道翻修的特殊功能要求》 |
| 3 | NF D36-204—1996 | 《除工业过程外的燃气器具和有关控制器的润滑剂》 |
| 4 | NF D36-210—2001 | 《建筑物燃气管道工程螺纹接头的再密封方法》 |
| 5 | NF P45-500—2013 | 《住宅内的燃气装置　室内燃气装置状况　诊断》 |

燃气设备材料的相关标准见表 2-9。

**表 2-9　法国燃气设备材料标准**

| 序号 | 标准号 | 标准名称 |
|---|---|---|
| 1 | NF D36-125/A1—2011 | 《家用经济型　用于波纹金属软管的带垫圈的端部配件　用于使用容器分配的丁烷和丙烷的家用电器的外部连接》 |

| 序号 | 标准号 | 标准名称 |
|---|---|---|
| 2 | NF D36-121/A1—2011 | 《家用经济型　用于波纹金属软管的带垫圈的端部配件　用于使用网络分配的气体燃料的家用电器的外部连接》 |
| 3 | NF EN 14800—2007 | 《用于连接家用可燃气体器具的波纹金属安全软管》 |
| 4 | NF T47-283—1999 | 《用于液化石油气、液化石油气（液相或气相）和25 bar（2.5 MPa）以下天然气的橡胶软管和软管组件规范》 |
| 5 | NF E29-140—2011 | 《使用气体燃料的家用装置的控制阀　安全控制阀带有集中自动密闭器的阀门》 |
| 6 | NF D36-309—2013 | 《燃气燃烧器及燃气燃烧器具用的自动排气阀》 |
| 7 | NF D36-510—2012 | 《带或不带风扇的气体燃烧器和燃气设备用自动气体燃烧器控制系统》 |
| 8 | NF T54-969—2004 | 《气体燃料分配用塑料管道系统　聚乙烯（PE）　电熔附件　焊接循环安全时间》 |
| 9 | NF D36-306/IN3—2013 | 《气体燃烧器和燃气装置用自动截止阀》 |
| 10 | NF D36-311—2013 | 《最大调节压力为 4 bar 且最小能力为 150 kg/h 的压力调节器、自动转换装置，以及相关安全装置和用于丁烷、丙烷以及它们的混合物的转接器》 |
| 11 | NF E17-306—2013 | 《气量表　附加功能》 |
| 12 | NF D36-126—2014 | 《用于连接商业和工业用燃气移动设备，特别是科研和教学用实验室设备，且内部均匀直径为 12 mm 的橡胶管》 |
| 13 | NF D36-123—2001 | 《家用经济型　燃气器具外部连接用波纹金属柔性管道，不包括符合 NF D 36-121 和 NF D 36-125 标准的柔性管道》 |
| 14 | NF D36-204/A1—1996 | 《NF EN 377—1993 的修改件：使用气体燃料的器具和相关设备的润滑剂　专门用于工业用途的器具除外》 |

| 序号 | 标准号 | 标准名称 |
|------|--------|----------|
| 15 | NF P45-204-4—2006 | 《建筑业—家用燃气装置 第3部分：技术规范—除燃烧产物排放外的特殊处理》<br>《建筑业—家用燃气装置 第4部分：技术规范—燃烧产物排放的特殊处理》<br>《建筑业—家用燃气装置 第5部分：通用装置》<br>《建筑业—家用燃气装置 第6部分：特殊条款的合同清单》 |
| 16 | NF E17-305—2007 | 《超声波家用煤气表》 |
| 17 | NF T54-908—2007 | 《流体传输用热塑管 抗快速裂纹扩展（RCP）的测定实物试验（FST）》 |
| 18 | NF D35-350-1—2015 | 《生产热水的燃气家用电器 第1部分：热水输送性能评估》 |
| 19 | NF D36-215—2005 | 《用于燃气设备检漏的发泡溶液》 |
| 20 | NF D35-379/A2—2005 | 《装饰性节能燃气用具》 |
| 21 | NF D36-360—2010 | 《燃气器具的手动水龙头》 |
| 22 | NF T54-065-1—2010 | 《气体燃料供应用塑料管道系统 聚乙烯（PE） 第1部分：总论》<br>《气体燃料供给用塑料管道系统 聚乙烯（PE） 第2部分：管道》<br>《气体燃料供应用塑料管道系统 聚乙烯（PE） 第3部分：配件》<br>《气体燃料供应用塑料管道系统 聚乙烯（PE） 第4部分：阀门》<br>《气体燃料供应用塑料管道系统 聚乙烯（PE） 第5部分：系统适应性》 |
| 23 | NF D36-500—2011 | 《燃气器具的机械式恒温器》 |
| 24 | NF D30-500—2009 | 《试验气体 试验压力 设备类别》 |
| 25 | NF D36-302-1—2016 | 《燃气器具用的压力调节器和相关安全装置 第1部分：入口压力不超过50 kPa的压力调节器》 |
| 26 | NF D36-511—2021 | 《使用气态或液态燃料的燃烧器具的安全和控制装置 电子系统的控制功能 分类和评估方法》 |

| 序号 | 标准号 | 标准名称 |
|---|---|---|
| 27 | NF E29-532—2017 | 《燃气装置　管道气体装置用带平垫圈的机械接头》 |
| 28 | NF D32-320—2020 | 《燃气炉能量消耗测量方法》 |
| 29 | NF D36-381-1—2018 | 《用于气相丙烷和丁烷及其混合物的橡胶和塑料软管、管道和组件　第 1 部分：软管和管道》 |
| 30 | NF D36-304—2016 | 《燃气器具的火焰监测装置　热电火焰监测装置》 |
| 31 | NF D36-394—2016 | 《燃气燃烧器和燃气器具的安全和控制装置　工作压力大于 500 kPa 且不超过 6 300 kPa 的自动切断阀》 |
| 32 | NF E17-304-2—2012 | 《燃气表　转换装置　第 2 部分：能量转换》 |
| 33 | NF D35-310—2008 | 《气体燃料用自动强制通风燃烧器》 |
| 34 | NF D32-400—1998 | 《专用液化石油气的器具规范　包括带有室外烤肉架的独立煤气灶》 |
| 35 | NF M50-009—2014 | 《燃气基础设施　最大工作压力超过 16 bar 的燃气管道功能要求》 |
| 36 | NF D36-380—2014 | 《气体燃烧器和燃气器具的安全和控制装置　自动截止阀的阀门检验系统》 |
| 37 | NF M50-005-5—2014 | 《气体基础设施　最大操作压力小于等于 16 bar 的管道　第 5 部分：用户管线　特殊功能要求》 |
| 38 | NF D35-324—2015 | 《用于生产生活热水的燃气储水式热水器》 |
| 39 | NF D35-001—1965 | 《根据加热容量选用供热装置（气体、液体、固体燃料）》 |
| 40 | NF D35-335—1967 | 《家用经济型　加热装置　辅助开关设备的功能》 |
| 41 | NF D36-301—1967 | 《家用经济型　使用气体燃料的家用器具的点火和灭火安全装置》 |
| 42 | NF D36-108—1983 | 《用金属软管实现家用烹饪器具内部连接》 |
| 43 | NF D35-355—1999 | 《专用液化石油气器具规范　不超过 10 kW 的无烟道非家用空间加热器》 |
| 44 | NF D36-103—2001 | 《家用经济型　通过网络供气的家用器具的外部连接用（增强型）橡胶软管》 |

| 序号 | 标准号 | 标准名称 |
|---|---|---|
| 45 | NF E29-134—2004 | 《家庭经济型　家用管道燃气设备用带嵌入式旋塞和双 G1/2 外螺纹连接的安全释放装置》 |
| 46 | NF D35-332/A1—2003 | 《独立式燃气对流加热器》 |
| 47 | NF D35-332—2001 | 《独立燃气转换加热器》 |
| 48 | NF D35-372—2003 | 《借助风扇加速燃烧空气传送或烟道废气排放的独立式燃气对流加热器》 |
| 49 | NF D36-391-2—2004 | 《燃气燃烧器和燃气装置用燃气/空气比率控制器　第2部分：电子类型》 |
| 50 | NF M50-015/A1—2005 | 《供气系统　用户管线上的气压调节装置　功能要求》 |
| 51 | NF E29-825—2007 | 《建筑物中的不锈钢柔性波纹状管套件，用于工作压力＜0.5 bar 的气体》 |
| 52 | NF P45-200—2007 | 《供气　建筑物用燃气管道　最大工作压力≤5 bar 功能推荐》 |
| 53 | NF C23-594-1—2009 | 《家用房屋中燃气监测用电气设备　第 1 部分：试验方法和性能要求》 |
| 54 | NF D36-130—2007 | 《用于连接使用气体燃料的家用器具的波纹状安全金属软管组件》 |
| 55 | NF D36-105—1976 | 《燃气洗衣机内部接头用带机械接头的柔性软管》 |
| 56 | NF M50-009—2009 | 《燃气供应系统　最大工作压力超过 16 bar 的燃气管道功能要求》 |
| 57 | NF D36-390—2010 | 《燃气燃烧器和燃气器具用压力传感器设备》 |
| 58 | NF D35-357—2011 | 《专用液化石油气（LPG）设备规范　车辆和船舶中安装的房间密封用液化石油气空间加热设备》 |
| 59 | NF M50-001-2—2009 | 《燃气基础设施　工业和非工业装置用工作压力≥5 bar 和工业装置用工作压力≥0.5 bar 的燃气管道安装　第 2 部分：调试、操作和维护的详细功能要求》 |
| 60 | NF A48-810—2009 | 《燃气管道用球墨铸铁管、配件、附件及其接头　要求和试验方法》 |

| 序号 | 标准号 | 标准名称 |
|---|---|---|
| 61 | NF E29-190—2014 | 《输气网络和用户管线用燃气调压器　第1部分：C型调节器》<br>《输气网络和用户管线用燃气调压器　第2部分：B型调节器》 |
| 62 | NF E29-533—2014 | 《燃气装置　在供气态燃料管路或气瓶中使用的平垫圈的选择要求》 |
| 63 | NF E39-016-1—2015 | 《区域供暖管道　预绝缘软管系统　第1部分：分类、一般要求和试验方法》 |
| 64 | NF M50-018—2015 | 《管道工程　用于燃气的金属波纹软管组件　性能要求、试验和标记》 |
| 65 | NF D36-392—2016 | 《燃烧气体或液体燃料的燃烧器和设备的安全和控制装备　一般要求》 |
| 66 | NF D36-109—2016 | 《采用以气瓶和密封盖输送的第三代家用气体燃料的某些家用燃气设备上安装的橡胶管软管尾端》 |
| 67 | NF D35-337—2017 | 《供暖　燃气　与排放燃烧产物的机械装置相连的有效输出量不超过70 kW的燃气式中央供热锅炉》 |
| 68 | NF D30-506—2013 | 《气体燃料燃烧器具　未包含在有关燃气器具的欧洲指令2009/142/ CE中　且未包含在特定标准中　基本安全要求与合理能源使用要求》 |
| 69 | NF C23-595-3—2012 | 《用于测量加热器具燃烧烟气参数的便携式电气装置的规范　第3部分：非法定燃气加热器具操作用设备的性能要求》 |
| 70 | NF E31-513—2010 | 《有风扇输送助燃气体或燃烧物质传输、净热输入量不超过300 kW的空间加热用非家用燃气式强制对流空气加热器》 |
| 71 | NF E31-501—2009 | 《没有风扇辅助传输可燃空气或燃烧产品的净热输入量不超过70 kW的空间加热用家用燃气强制对流空气加热器》 |
| 72 | NF E31-511—1998 | 《不借助风扇传送燃烧空气或燃烧物品的净热输入量不超过300 kW的空间供热用非家用燃气式强制对流空气加热器》 |

| 序号 | 标准号 | 标准名称 |
|---|---|---|
| 73 | NF D35-323—1991 | 《供热　气体、液体、固体燃料　用于与燃烧物质抽排机械设备相连接的家用连续供热水的燃气热水器具》 |
| 74 | EN 1555：2010 | 《燃气输送用塑料管道系统　聚乙烯（PE）　第 1 部分：总则》<br>《燃气输送用塑料管道系统　聚乙烯（PE）　第 2 部分：管道》<br>《燃气输送用塑料管道系统　聚乙烯（PE）　第 3 部分：配件》<br>《燃气输送用塑料管道系统　聚乙烯（PE）　第 4 部分：阀门》<br>《燃气输送用塑料管道系统　聚乙烯（PE）　第 5 部分：系统适用性》 |

# 五、设施设备管理

## （一）设施管理

### 1. 长输管网

长输管网通过连接邻国和液化天然气接收站的陆上互连装置输送进口天然气。它们对于法国市场整合到欧洲市场至关重要。

首先从燃气管道或液化天然气接收站（液化天然气的电气化）注入长输管网。长输管网在高压（几十巴压力或大气压环境）下运行，由配备压缩站和连接到地下存储设施的大容量燃气管道组成，主要分为主管网和区域管网。主管网包括将互联装置同邻国、地下储存设施和液化天然气接收站连接的所有高压、宽规格管线。区域管网和最大的工业燃气消费者直接连接到主要管网。区域管网将燃气输送给与此管网直接相连的长输管网和大型终端消费者。

法国有两家燃气长输运营商（TSO），有自己专门的规章制度。法国燃气集团子公司 GRT Gaz（输气公司），它经营法国北部的低热值（L）燃气管网和大部分高热值（H）燃气管网；TIGF 是包括 SNAM、C31、GIC 和 Predica 在内的财团子公司，运营法国西南部的高热值（H）燃气管网。

自《燃气指令 2009/73/EC》实施以来，欧洲燃气输送系统运营商通过运营商管网开展合作。

### 2. 城市输配管网

燃气通过长输管网后再进入输配管网，配送到终端消费者使用。燃气在输配过程中压力逐渐降低，因此，这些基础设施不需要压缩站和集中管理（图 2-10）。

图 2-10　法国燃气输配管道

法国共有 26 家不同规模的燃气配送系统运营商提供服务。

法国燃气配送公司是法国最大的燃气配送公司，成立于 2007 年年底，拥有 11 600 余名员工，是法国 ENGIE 能源集团全资子公司，负责法国国内96%配送管网的运营管理，管网运行压力级制 2.1 千帕～2.5 兆帕。

22 家小型燃气配送运营商，也称为本地配送公司，其中 Régaz-Bordeaux 和 R-GDS，各占法国总燃气配送量的 1.5%左右，分别供应波尔多市和吉伦特省其他 45 个城市，以及斯特拉斯堡市和法国下莱茵省的其他 113 个城市（包括关税调整区的 80 个），其他 20 家配送经营商共占配送量的 1%，法律上没有要求将其配送活动与生产或供应活动分开。

剩余的 3 家是法国燃气配送商的"新手"：Antargaz 公司自 2008 年 10月起开始配送，SICAE 的 Somme 和 Cambraisis 公司自 2010 年 4 月起开始配送，Séolis 公司自 2014 年 7 月起开始配送。它们最初原本经营的是丙烷、丁烷和电力的配送。

截至 2018 年 12 月 31 日，法国有 1 100 万家庭通过法国燃气配送公司提供 700 万条输配支管获取燃气；77%的法国人生活在法国燃气配送公司输配燃气的市镇。目前法国配气管网连接 9 500 个市镇，累计长度达到 200 750 千米，输送能量达 279.5 太瓦时。目前法国城市配送管网使用的传输压力分中压 C（4～25 巴）、中压 B（0.4～4 巴）、中压 A（50～400 毫巴）、低压（低于 50 毫巴，常用压力为 21 毫巴），供给燃气热值为 9 000 大卡/立方米。燃气用 PE 管道在国外被公认为是最适宜作燃气输送的管道。法国从 1998 年开始，新敷设的中低压燃气管道几乎 100%采用 PE 管道。

随着燃气需求量的增加，必须提高管道的配送能力，因而出现了"中压配送"技术。一种是在新的供气区内直接向用户供中压气，在中压用户的户外安装减压设施或在燃气用具前安装减压调压阀。另一种为在已有的低压管道上设"增压点"，配给中压气，从而提高低压管道的配送能力。近年来，法国又采用了高压输配管道，以提高中低压输配管道的供气能力，也能向大型工业用户与居民混合总供气点及大的商业中心直接供气。

### 3. 储气设施

法国储气设施在管理消费者需求的季节性变化、提供平衡传输管网所需的灵活性及确保供应安全方面发挥着重要作用。储气设施由两家公司运营，共同构成了一个储气小组。

地下储存设施用于调整全年定期接收的进气量，以满足终端消费者的季节性需求。在夏天时满额储存，在冬天时外输使用，特别是在非常寒冷的天气。这些设施除了在供应安全方面起关键作用外，还对灵活性和系统平衡至关重要。自 2018 年以来，这些设施被当作多年期能源计划中供应安全存储地点，受到长期监管。

### 4. 液化天然气接收站

液化天然气接收站是基于港口的天然气基础设施，接收船舶运输的液化天然气，将其以液态形式储存，然后将其转化回气体以注入天然气长输管网。

法国的管道天然气储备方式是以地下储气库为主，液化天然气储备为辅。法国国内建有 15 座地下储气库，其储气库的工作气量高达 $131×10^8$ 立方米，占 2012 年法国燃气总消费量的 29%还多。在液化天然气储备方面，法国境内建有 4 座液化天然气的接收站，其天然气储罐总容量为 $84×10^4$ 立方米。

## （二）设备管理

根据《个人和集体住宅建筑燃气施工规范》，以下相关设备需达到相关要求和规定。

### 1. 一般截止装置

法国燃气配送公司要求，按照法国《1977 年 8 月 2 日法令》第 13.1 条的规定，无论其所服务的集体住宅建筑连接的燃气管网压力属于低压或者中压 B，除口径大于 32 毫米的开关外，一般截止装置都使用 1/4 转安全阀（阀门上有操纵杆或红色标记）。

在箱门无须特殊钥匙即可打开的地面箱体中系统地安装 1/4 转安全阀（图 2-11），其优点是法国燃气配送公司不用向业主或其代表移交条例中要求的"一般截止装置的控制钥匙"或"装有此截止装置的箱体的门钥匙"。1/4 转安全阀是一种手动操作的快速关闭装置，一旦关闭，只能由法国燃气配送公司打开。如果使用高于 400 毫巴的压力向集体住宅建筑内部输送燃气，应在提到的 1/4 转安全阀之外再安装一个中压最大流量启动装置（DDMP），如图 2-12 所示。

图 2-11　1/4 转安全阀　　　　图 2-12　中压最大流量启动装置

输气管道最常用的压力是中压 B，因此 1/4 转安全阀通常与压力调节器相连（图 2-13），以实现利用低压为集体住宅楼供气。只能安装经法国燃气配送公司许可使用的压力调节器。

经修订的法国《1977 年 8 月 2 日法令》第 13.1 条中要求的一般截止装置必须是 1/4 转阀门（操纵杆不同于红色或操纵方块）。1/4 转阀门如图 2-14 所示。

图 2-13　压力调节器　　　　　　　　图 2-14　1/4 转阀门

根据规定，所有住宅建筑的管道均须配备一个截止装置，该装置应有明显标记且配有一个牢固的身份铭牌。该装置应放置在建筑物外毗邻建筑的位置，保证工作人员能够从地面靠近，并方便地操纵该装置。因此，1/4 转安全阀或 1/4 转阀门应放置在位于产权范围内建筑物外的地上箱体中，并在其附近做明显标记，应保证工作人员，特别是救援服务和法国燃气配送公司的工作人员，能够从地面靠近阀门。如果地理环境不允许将 1/4 转安全阀或 1/4 转阀门安装在产权范围内，则新位置和可能增加的额外阀门需要与法国燃气配送公司协商确定。箱体上采用火焰或"GRDF"缩写作为身份铭牌（图 2-15 和图 2-16）。

图 2-15　配有 1/4 转安全阀和
一个压力调节器的集体建筑箱体

图 2-16　配有 1/4 转阀门、压力调节器
和燃气表的个人建筑箱体

## 2. 箱体

集体和个人建筑箱体（以下简称"箱体"）一般不得安装在公共区域。在大多数情况下，箱体应位于距离所连接建筑的邮政地址最近的物业范围内。它可以安装在基座上，或者嵌在住宅或其附属建筑的外墙上。根据不同位置，可能需要安装防机动车辆的机械防护装置。箱体应位于距离任何开口或通风口（包括风门）20 厘米以上的地方。预制式箱体的结构应确保下游管道从箱体底部接出。除原有孔洞外，镶嵌在建筑墙壁内或靠在墙上的箱体不允许钻孔。

在特殊情况下，如事先获得法国燃气配送公司的书面同意，可在箱体底部钻孔，但须使用适当的工具（钟形锯）并对该孔进行密封。在嵌入建筑外墙的情况下，出口管道与箱体之间的环形空间由惰性材料进行密封，并应保证该材料长期耐用。使用的材料应拥有 SNJF 认证标签，同时黏附在管状金属和砌体部分，并且灵活耐用。

建筑物的外部是指建筑水平投影外，不含阳台和挑檐。出于操作原因，法国燃气配送公司要求安装在阳台下时，高度至少为 2.1 米。当无法将箱体安装在其他位置时，可以将箱体安装在窗户、阳台或挑檐下方，使用聚乙烯材质的管道（图 2-17）。

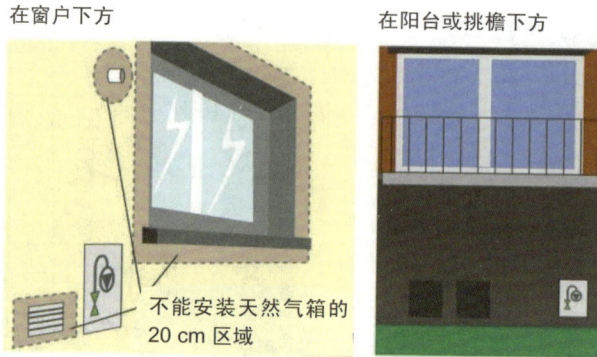

在窗户下方　　　　　　　在阳台或挑檐下方

不能安装天然气箱的
20 cm 区域

图 2-17　聚乙烯材质管道安装位置示意图

　　以下两个条件同时满足时，箱体可安装在通道中：该通道至少有一边长期与外部相通；该通道与建筑物内部不相通。连接必须使用钢制管道（图 2-18）。

　　箱体禁止安装在以下场所：车库或停车场入口、建筑前厅，另一个箱体（电、水等）上面、下面或十字交叉方向以及通风孔下方。

　　禁止将箱体安装在地下，除非法国燃气配送公司在临时施工说明清单的框架下提前出具书面同意书。在法国燃气配送公司同意的情况下，该箱体需由法国燃气配送公司安装（图 2-19）。

　　禁止通过安装在楼房入口处的一组箱体或预制式技术柜为多个房间供气（图 2-20）。

　　一般来说，包括一般截止装置、调节器（在中压 B 连接的情况下）和燃气表的单个垂直箱体必须安装在每栋建筑物上。

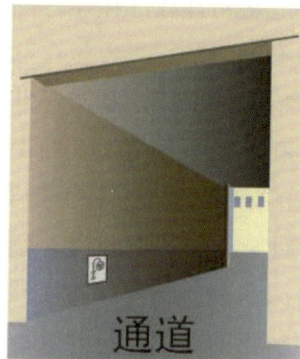

通道

图 2-18　允许安装箱体的通道示意图

在另一个箱体
上方或下方

车库或停车
场入口

建筑前厅

防雨棚下方

图 2-19　禁止安装箱体位置示意图

美式楼房有个特殊情况，美式分户是一种规划方式，其目的或效果是在不到10年的时间内将一个或多个地块分割开，由同一个开发商建造独立住宅楼，而分割后的土地（地段）是开放的。每个小地块或工程前面设有包含燃气表和截止装置的箱体，该箱体应优先放置在公共区域边缘，地理位置应允许分销商随时靠近这些设备。箱体可以嵌入业主建造的矮墙中，

为楼房供气的一组箱体

图 2-20　禁止通过一组箱体
为多个房间供气示意图

费用由业主承担。

在符合适用的特许权招标细则的前提下，法国燃气配送公司可以授权业主将箱体嵌入位于私人区域的住宅建筑的外立面中。在这种情况下，业主须通过书面方式向法国燃气配送公司获取将箱体安装在私人区域的许可。法国燃气配送公司承诺在收到业主请求后一个月内以挂号信形式回复，并附上收据。若协议达成，这封信必须指出，该许可是在以下条件下给予的：土地分割规则或城市规划规则，以及土地分割招标细则要求单个业主不能封闭所分的土地；地役权协议中应保证在公证人面前签字确保法国燃气配送公司访问燃气传输工程的权利，并根据适用法规保证法国燃气配送公司永远能靠近截止装置；燃气箱安装在建筑物立面上，且工作人员能够靠近箱体。如果法国燃气配送公司同意，燃气箱镶嵌在建筑物立面上，且工作人员能够靠近箱体。

为了保证法国燃气配送公司可永久查看安装的设备，法国燃气配送公司和相关土地的所有者（也可能是土地出售者）必须在公证处起草地役权协议（或用私人印章签署，然后根据协议规定的条件在公证处重新申请）。签署这些协议是业主（开发商、规划方或土地出售者）与法国燃气配送公司之间交付项目的条件。这些地役权协议产生的所有费用，特别是支付给土地所有者的任何补偿以及公证和契约费用，将由业主承担。这些协议必须规定，业主承诺不侵犯路权，不得将其土地围起来。如果某个业主后来封闭了其地块，法国燃气配送公司至少可以根据规章条款，保证工作人员一直能够靠近截止装置，所需费用由业主承担。

箱体由 4 个螺栓固定在底座上。底座由 4 个支脚（与底座一起提供）固定在地面上，在完成水平和垂直方向的调整后，用薄混凝土（厚约 15 厘米）固定。在与电箱并排安装的情况下，明智的做法是将两者同时安装。

在安装过程中，嵌入式箱体不得用作支架部件。安装箱体的壁龛必须平整，以便通过螺钉（箱体底部预留的固定孔）或密封来固定箱体。门框应突出完工的墙壁。箱体的抽屉将在密封之前放置到位。此外，如果嵌入建筑物的墙壁，箱体底部必须靠在由实心材料制成的墙壁上，且墙壁厚度至少为 5 厘米，符合防火要求，并在必要时具有隔热、隔音性能。

安装在基座上的箱体如图 2-21 所示，嵌入式箱体如图 2-22 所示。

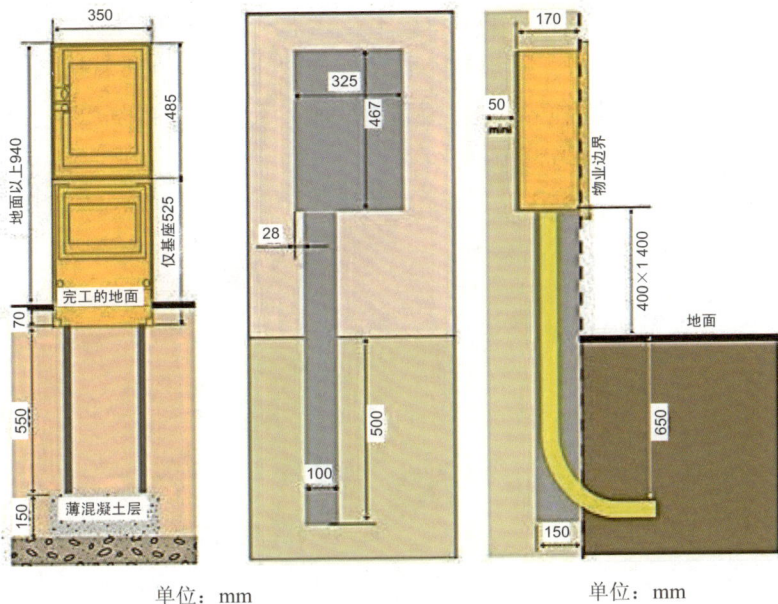

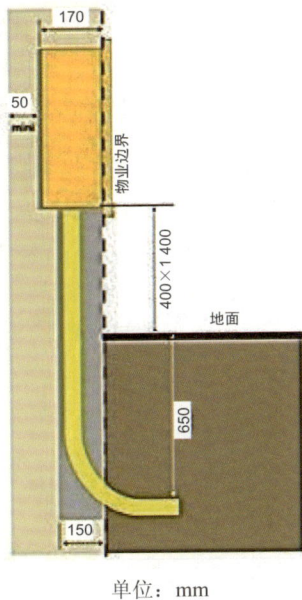

单位：mm　　　　　　　　　　　　　　　单位：mm

图 2-21　安装在基座上的箱体示意图　　　图 2-22　嵌入式箱体示意图

在任何情况下，管道进入箱体都必须使用由预制型聚氯乙烯管（喇叭口且呈拱形）制成的刚性护套，以确保有效保护和引导聚乙烯管，同时满足其最小曲率半径。在箱体嵌入式安装的情况下，放置护套的开口应重新进行填充。在使用技术墙的情况下，需检查建筑布局是否适合固定箱体并通过管道。在任何情况下，箱体都不应承受建筑负载。混凝土构造可防止箱体承受这些负荷。

### 3. 燃气管道

燃气管道可能仅出现在建筑内部。根据业主的选择，燃气管道可以由聚乙烯、钢或铜制成（材料的性质必须符合修改后的《1977 年 8 月 2 日法令》和 NF DTU61.1 标准的规定）。在采用埋入式钢制燃气管道的情况下，必须使用涂有聚乙烯或覆有法国燃气配送公司允许使用的防腐胶带的钢管。当燃气管道被埋入地下时，可使用聚乙烯或钢制管道。如果使用钢材，则必须对钢管进行聚乙烯涂层处理，或者在钢管上涂抹法国燃气配送公司授权使用的保护条。这些保护条还必须用于修复聚乙烯涂层管道焊缝处的聚乙烯涂层。聚乙烯管道必须埋入地下，在进入建筑物前 1 米处必须改用金属管。即使在护套中，管道也不得从建筑物下或夹层中通过。燃气管道可以接入箱体中；此时必须通过预制型的刚性套管对聚乙烯管道进行机械保护并防止其受到光照的影响（图 2-23）。

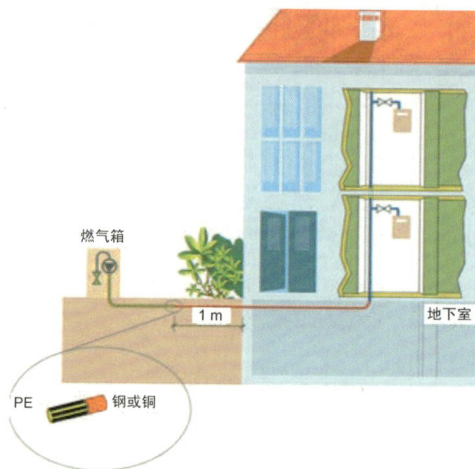

图 2-23 被埋入地下的燃气管道安装示意图

法国《安装管理指南》REAL0610 适用于位于建筑物外燃气管道（聚乙烯、铜和钢）。铜管和钢管可根据其直径和状态（钢为镀锌或黑色，铜为冷锻或退火）通过冷弯或热弯进行整形。不允许对不锈钢管进行整形。

进行管道安装时，安装人员必须持有相关安装方法专业能力证书。对于外径小于或等于 54 毫米的铜管，必须通过毛细硬钎焊进行组装，对于外径大于或等于 42 毫米的铜管，必须通过焊接—钎焊进行组装。毛细钎焊只能使用符合 TAG B 524 规范的接头。焊接只能用于必要的管道与干线开口之间的连接以及管道方向的变化。禁止使用软钎焊。禁止用螺丝将钢管与管件（套筒、弯头等）组装在一起，除非在原地无法准确钎焊、焊接或铜焊连接。法国燃气配送公司禁止在其特许权工程中使用压接接头。

燃气管道必须全部安装在通风或可以换气的公共区域。通风场所是指通过引入空气和排出不新鲜空气来更新环境空气的场所。换气场所是指至少有一个开口（门、窗、框）的房间，开口面积至少为 0.4 平方米，直接向外或向无遮挡的内院开放，最小尺寸至少为 2 米。钢管可在没有任何机械保护装置的情况下安装。铜管应放置在护套内，或由可换气的机械保护装置保护（图 2-24）。

　　管道建议垂直布局，出于美观考虑，可以对管道进行包覆，但包覆材料应可拆除。特别是，如果符合以下条件，管道可以放置在保护套下：保护套内部空间没有电气线路；如有需要，可通过拆除保护套进入；保护套与房间大气连通。保护套内部不能和所在完全空间隔绝，两者空气是连通的（图 2-25）。

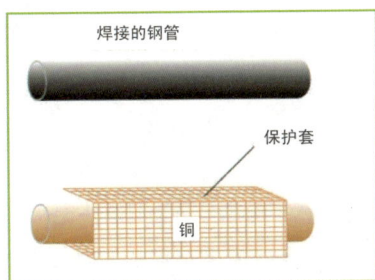

图 2-24　钢管和保护套示意图

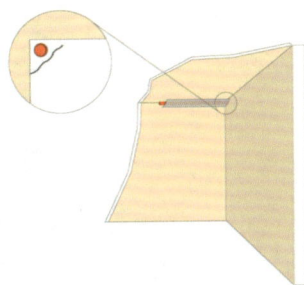

图 2-25　放置在保护套下的管道示意图

　　保护套和房间之间可以实现广泛的连通，例如，在保护套上均匀地钻孔。这些孔的总截面应该至少是保护套面积的 1/100，每个孔的直径至少是 5 毫米。出于维修原因，法国燃气配送公司禁止将燃气管道埋在建筑物下方，或将其并入、钉接、嵌入或放置在嵌入建筑构件中的保护套下。相反，燃气管道可以安装在项目开始时预留的可沿整个长度检查管道的墙壁保留区中（图 2-26）。

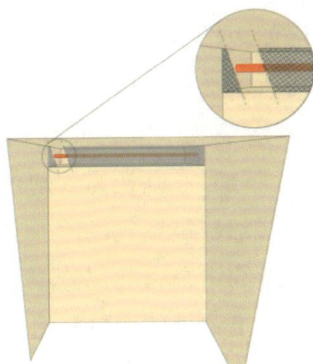

图 2-26　燃气管道安装在墙壁保留区示意图

在可进入的盖满泥沙的电缆沟（可拆卸的非密封板）安装管道时，应先涂上涂层并放置在 5 厘米厚的砂垫层上。管道可以通过可进入且通风的夹层，夹层内不得设置任何机械接头或附属装置（图 2-27）。禁止使用无法进入的、不通风的地下空间。管道与电力和其他管道的垂直距离至少为 3 厘米，但相交管线除外，该处的距离可降至 1 厘米（图 2-28）。

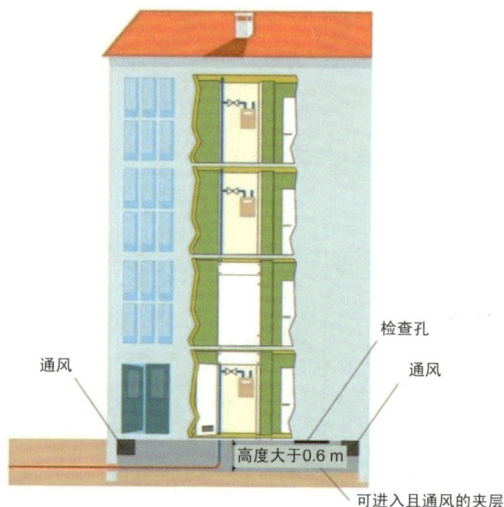

图 2-27　燃气管道通过可进入且通风的夹层示意图

减压室（建筑物外部门和通往公共区域的内部门之间的部分）通常是换气场所。如果减压室内部门后面的公共部分与减压室之间存在通风孔（上部、下部），则认为气闸内部门后面的公共部分是换气场所。当位于减压室下游的这个公共部分不是换气场所时，位于该处的燃气管道必须放置在一个连续的密封套管中，套管向减压室的通风部分或建筑外部开口。在相反的情况下（减压室配有顶部和底

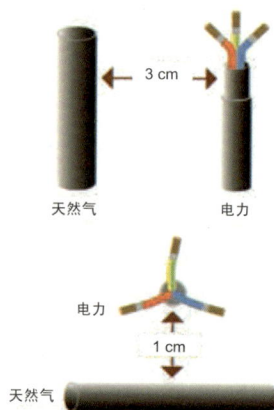

图 2-28　燃气管道与电力管道的垂直距离示意图

部通风装置），对燃气管道没有特别要求（图 2-29）。

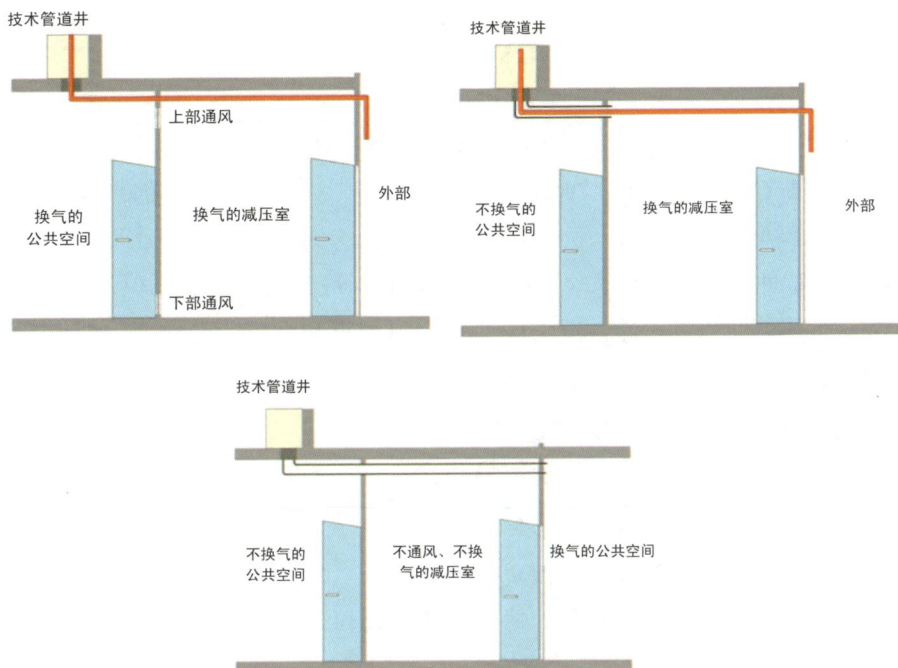

图 2-29　减压室和公共空间布置示意图

（1）停车场

燃气管道穿过小于 100 平方米的有顶停车场（住宅楼的附属建筑）时可不受任何特殊规定的约束。燃气管道可通过一个或多个住宅建筑的有顶停车场，只要停车场面积超过 100 平方米且不超过 6 000 平方米。它应符合法国 1986 年 1 月 31 日颁布的《关于住宅建筑消防安全的法令》第 56 条和《1987 年 7 月 24 日部长指令》的要求，后者经《1995 年 5 月 3 日指令》修订。如果来自低压管网的低压燃气管道通过所服务的建筑附属的有顶停车场时，除防火套管外，还必须使用低压触发阀（BPRF）。

如果有顶停车场同时也是 1～4 类公共开放场所（ERP）的停车位，能否借道停车场，要么由签发工程许可证的单位决定，要么由警察局根据相关的安全委员会的意见决定。许可申请书须由开发商起草，并附在临时施工说明中。

（2）吊顶

如同时满足以下条件，燃气管道可以借用公共部分的天花板和吊顶之间的空间：管道必须与电气和其他管道保持至少 3 厘米的距离，但在交叉处，该距离可减少到 1 厘米；吊顶具有适当的通风系统，或与房间的空气充分连通；整个吊顶部分均可检查线路（吊顶可拆除方便接触线路）。吊顶和房间之间应相互连通，例如通过吊顶上均匀的钻孔，均匀连通。这些孔的总横截面应该至少是吊顶表面积的 1/100，每个孔的直径至少是 5 毫米。

但是，如果燃气管道位于连续且密封的直线金属套管中心（以绝缘的方式），且该套管至少一端通向通风或换气的空间，则无须符合这三个条件。在这种情况下，管道不得包含旁路或附件。

燃气管道在任何情况下均不得穿越住宅、商店、商店附属建筑或其他类型的公共场所。然而，在没有其他解决办法的情况下，管道可以穿过地下室、储藏室、车库或停车场。在此情况下，燃气管道应放置在直线金属套管的正中心，且套管至少一端自由进入通风或换气的空间；受业主和土地所有人之间的公证地役权协议约束，业主应将一份协议副本交给法国燃气配送公司。

（3）保护装置

位于室外的从地面伸出的燃气管道必须使用伸入地面至少 0.20 米的保护装置，如套管、1/2 外壳（靠墙）。保护装置离地面的高度必须至少为 2 米。建筑物内从地面伸出的燃气管道必须使用由防水和防家用清洁产品腐蚀的材料制成的无缝套管来防止腐蚀，高度至少为 5 厘米。例如，硬质 PVC 套管就适用于此用途。套管和管道之间的环形空间的上端必须用惰性材料填充，如"箱体"一段所述。当燃气管道从室外地面通过地下墙进入建筑物时，墙和管道之间的环形空间必须密封。墙壁和保护套之间以及保护套和燃气管道本身之间必须进行密封。当燃气管道打算放置在保护套下时，它必须由工厂预制聚乙烯涂层的钢材制成。当燃气管道安装在表面时，也应优先考虑这种保护措施（图 2-30）。

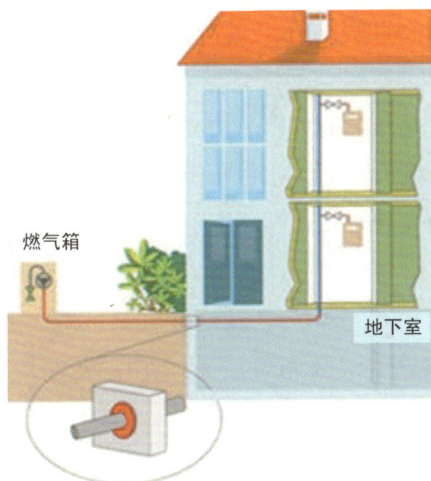

图 2-30　燃气管道安装采取的保护措施示意图

　　无论在任何情况下，燃气管道都不得借道或穿过以下场所：用于储存液体燃料的容器和储罐，用于通风、排烟或排出燃烧产物的管道，垃圾倾倒通道；电梯井或升降机井，锅炉房，以及含有以下物品的场所：电梯或升降梯装备、发电机或发电机组（除非是这些设施运转不可缺少的管道）、变压器（图 2-31）。

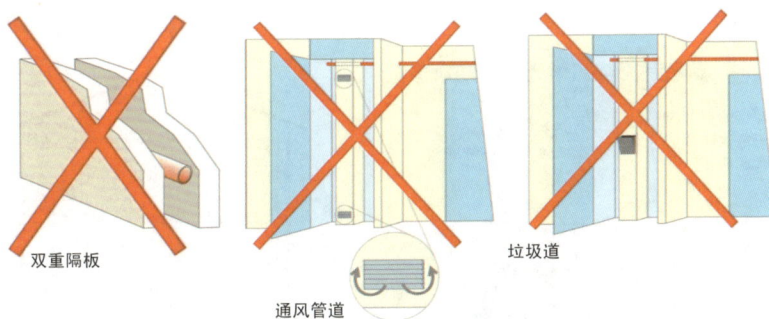

图 2-31　燃气管道不得借道或穿过的场所示意图

## 4. 立管

　　立管大部分是垂直管道，与燃气管道相连，向建筑的不同楼层供气。根据业主的选择，立管可以采用钢制或铜制。对于外径小于等于 54 毫米的铜管，必须通过毛细硬钎焊进行组装，对于外径大于等于 42 毫米的铜管，必须通过焊接—钎焊进行组装。毛细钎焊只能使用符合 ATG B 524 规范的接头进行，但符合 ATG B 600 规范相应要求的预制立管除外。铜制立管应使用符合 ATG B 600 规范的预制件构造。只有必要的管道接合和管道系统接合以及因管道方向变化而产生接合时才能使用钎焊和焊接。

禁止使用软焊接。禁止用螺丝将钢管与配件（套筒、弯头等）组装在一起。但是，允许使用机械接头（或连接件）或螺钉接头，前提是这些接头难以拆卸：用于将管道组装到附件上；在现场无法正确进行钎焊—焊接或焊接—钎焊时。

法国燃气配送公司不接受在其特许工程中使用压接接头。钢质燃气管道和铜质立管之间的连接应使用钢/铜预制套筒。

新建集体住宅的立管必须安装在通风的管道井中。立管必须是钢制或铜制，且立管必须一直位于技术管道井的左侧（图 2-32）。

当已有建筑没有管道井时，立管需安装在通风的公用过道中（图 2-33）。立管必须按照法国《1977 年 8 月 2 日法令》的要求采用钢制管道，并通过焊接组装。立管需距离包括电气管道在内的所有管道至少 3 厘米的距离，交叉处除外。交叉处的距离可以减少到 1 厘米。立管禁止从私人场所通过（图 2-34）。

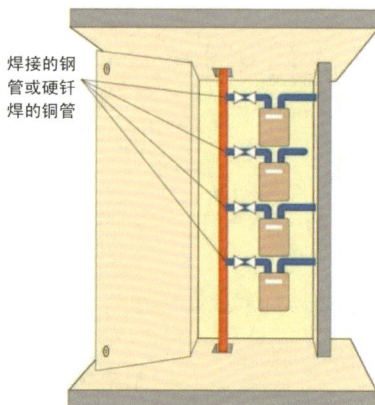

图 2-32　钢制或铜制的立管
安装示意图

图 2-33　立管安装在通风的
公用过道示意图

图 2-34　立管禁止从私人场所通过示意图

在穿越地板时，立管必须由防水且耐家用清洁产品腐蚀的材料制成的无缝套管保护。例如，刚性 PVC 套管就适用于此用途。该套管必须至少超过地板表面 5 厘米。套管和管道之间的环形空间的上端应由惰性材料填充。

当一个设施由多个立管组成，且这些立管由同一燃气管道（来自同一个通用截止装置）供气时，每个立管必须配备一个称为"立管脚阀"的切断装置。

### 5. 走廊管道

走廊管道是一种水平管道，与立管相连，并为建筑中同层的几个私人支管提供燃气。在新建工程中，应优先使用分段式立管。在已有建筑的翻新工程中，如果有长走廊连接房间住宅，而立管和各个连接点之间的距离太远，就可以使用走廊管道。走廊管道的建造遵循与立管一样的规则。走廊管道沿墙壁布置在走廊天花板下方。走廊管道禁止安装在房屋内部。如果管道不是钢制的，应将其放在防护套内，或利用可以通风的机械保护设施给予保护。

### 6. 独栋私宅管道

独栋私宅管道是指位于燃气表上游并将其与下面几种为多个住宅供气的共同设施相连接的管道：燃气管道、立管、走廊管道、燃气表补给管道（图 2-35）。

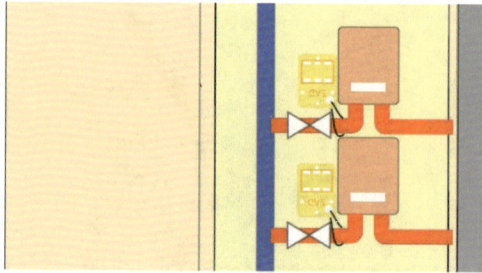

图 2-35　独栋私宅管道的截止阀示意图

在新建建筑中，燃气表应安装在房间外部。除该管道连接的独栋私宅外，独栋私宅管道不得穿越其他私人场所。独栋私宅管道位于保护套外时应使用钢制或铜制管道，并应在通过公共场所的整条管道都使用通风的装置进行机械保护。所有独栋私宅管道均应在进入所连接的房间前设置一个独立的截止阀，截止阀应和房间位于同一层。如果燃气表位于公共区域，燃气表的开关可充当独立截止阀。独立的截止阀应永久可及、操作简便、配有牢固的身份铭牌。

独栋私宅管道阀门的识别和定位由业主负责。独栋私宅管道开关上（或在其旁边）应设置一个牢固的铭牌。为了识别所连接的住宅，应在轴承座或紧挨轴承座的踢脚板上设置第二块铭牌（代码与第一块相同）。法国燃气配送公司将在工程预定交付日期前至少15天内，为每个住宅单元提供铭牌代码。该代码由3个数字组成。

当燃气表集中在燃气表室（或燃气技术柜）中时，阀门的铭牌除了上面规定的号码，还应该包括该设施所连接的住宅的楼梯编号和楼层号，以便识别该住宅。

### 7. 燃气表

一般要求将燃气表安装在住宅外部。在新建建筑中，燃气表可能会安装在管道井内，或者燃气表室内，或者建筑外部或内部的燃气技术柜内。在已有建筑中，燃气表可能会安装在管道井内，或通风的公用过道，燃气表室内或建筑外部或内部的燃气技术柜内。

如安装在上述场所确有困难，作为例外，法国燃气配送公司可以在检查临时施工说明时，允许将燃气表安装在房屋内部。禁止将燃气表安装在污水池下方、厕所或卫生间内。燃气表不得和地面直接接触，仪表盘应位于地面上方不超过 2.2 米处。在安装和拆除燃气表时，应保证不会损伤管道、燃气表和墙壁。

在私人使用燃气的新建住宅建筑中，必须安装远程读数装置，以便从建筑入口处快速、高质量地读取燃气表。当采取无线方式时，无线传输模块安装在每个燃气表上，对燃气表的体积没有显著改变，因此在管道井中需要的空间也没有变化；当采取有线方式时，在电气管道和燃气管道之间的每一层都必须提供"电缆通道"套管。它们在电缆通过后被密封（图 2-36）。

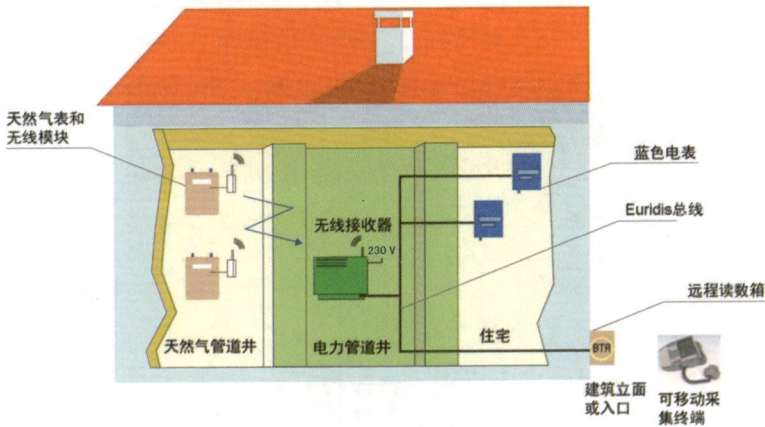

图 2-36　燃气表和无线模块安装示意图

无线接收器或有线集线器设备应预先布线并安装在尺寸宽×深×高为 25 厘米×15 厘米×31 厘米的面板上。根据 NFC 14100 标准，这些面板安装并连接到电气管道井中（低压，Euridis 总线）。安装在电力管道井中的 Euridis 总线与燃气表读数共享，无须特别授权。

如果每个立管是拥有至少 6 个燃气表的大型纵向集中设施，则采用无线方式。无线设施安装在燃气表上，将消耗量传输到安装在电气技术管道井中的一个（或两个）无线电接收器，具体数量取决于建筑物的楼层数。无线电接收器由电力立管供电（表 2-10）。

表 2-10　无线电接收器数量及位置

| 建筑层数 | 接收器数量 | 接收器位置 |
|---|---|---|
| 10 层（含）以内 | 每个立管 1 个 | 建筑高度的中部 |
| 10 层以上 | 每个立管 2 个 | 建筑高度的 1/4 和 3/4 处。例如，14 层高的建筑里，第一个接收器放在 3 楼，第二个接收器放在 11 楼 |

如果每个立管最多拥有 5 个燃气表的小型集中设施，则采用有线方式。每个燃气表都与一个由电力立管供电的集线器（CCTR）相连。这一解决方案需要在管道间使用套管，敷设连接线路并预配远程报告设备面板（图 2-37）。

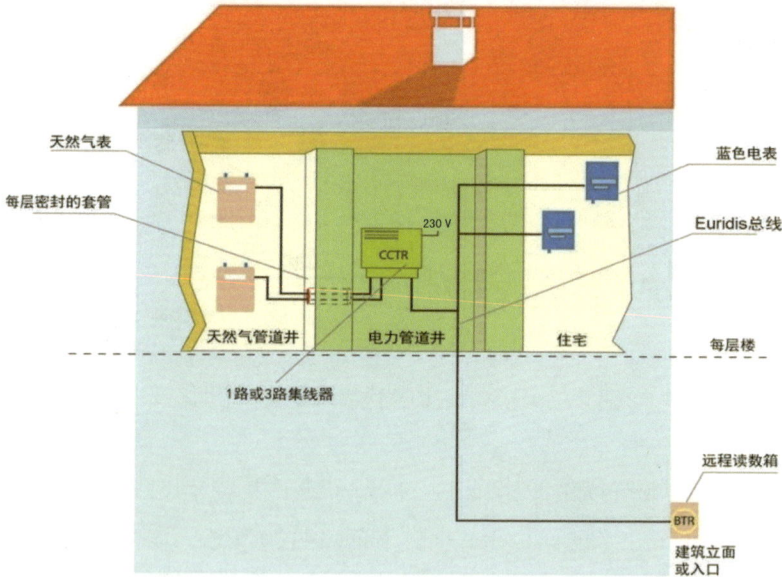

图 2-37　集中设施采取的技术措施示意图

业主在提供给法国燃气配送公司的临时施工说明中，需介绍为燃气远程报告所选择的解决方案和预装面板的位置。有线方式：计划的电气连接与位置，管道间套管；无线方式：无线接收器的数量和安装楼层。法国燃气配送公司确认位置并提供预装面板。业主安装预装面板并为其连通燃气。法国燃气配送公司连接 Euridis 远程读数设备并对其进行编程，最好是在安装燃气表时进行，然后测试整个读数线路。

### 8. 技术管道井

管道井的尺寸取决于每层的管道和燃气表的数量和布局。竖井须尽可能笔直，并且在整个建筑高度上位于统一的横截面。管道井必须可以从建筑的公共区域进入并看到。在第三类和第四类建筑中，管道井必须横穿至地下室天花板的高度。第三类建筑的门和观察孔的防火等级至少应为 1/4 小时，第四类建筑的防火等级至少应为 1/2 小时。门的高度必须允许对管道井中所有独立截止构件进行维护（特别是扭矩扳手应能自由使用），并能读取和安装/拆卸燃气表（其表盘位置的最大高度为 2.20 米）。它取决于每层安装的燃气表的数量：在最高表盘的高度为 2.20 米（管道井中有 5 个燃气表）的情况下，有两种可能，特制的 2.15 米高的门；或标准的 2.04 米高的门，则安装在 0.11 米高的踢脚板上。

在最高的燃气表盘的高度低于 2.05 米的情况下（管道井中的燃气表数量小于等于 4 个），使用标准的 2.05 米高度的门，无须踢脚板。配有自动锁定装置，矩形螺母为 5 毫米×9.9 毫米，使用可拆卸钥匙进行操作。在安装两个锁定设备的情况下，其中只有一个必须是自动的（图 2-38）。

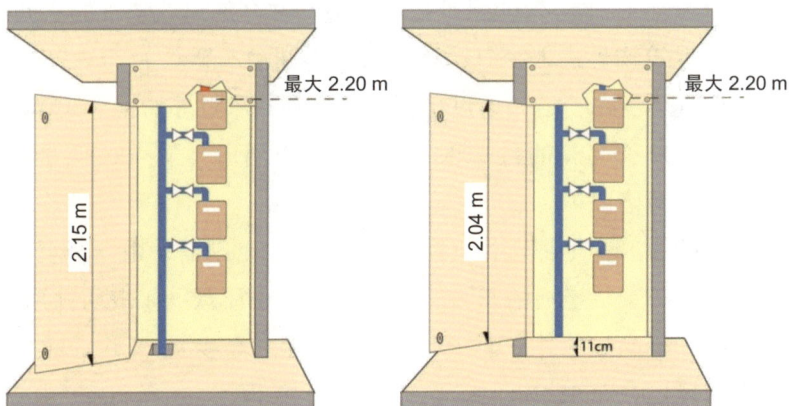

图 2-38　燃气技术管道井示意图

　　住宅场所的隔离墙应使用勾缝的坚固材质（石头、砖、砾石、水泥），若使用中空材质，在其内部进行粉刷。燃气表和管道的固定墙的最小厚度为中空材质 11 厘米，实心材质 5 厘米。与其他管道井（水、电、电话等）的隔离墙也使用相同方式建造（图 2-39）。

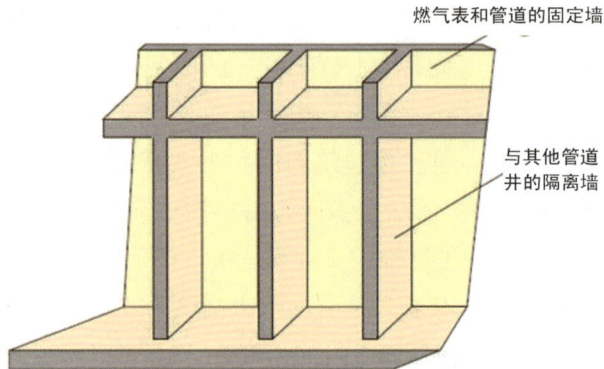

图 2-39　隔离墙的建造方式示意图

　　管道井的自然通风一般是通过自然换气实现的。管道井的通风不应通过夹层或地下室进行，即使这两处场所是通风的。

　　当管道井的通风在下部进行时，或通过通风或换气的公共区域，最底层的门下方应至少有 5 毫米的间隙（这种布置仅适用于第二类建筑）；或通过横截面至少为 100 平方米的通风孔或管道，并从通风或通气的房间或公共区域，或从建筑物外进入空气；或对管道井进行分隔，每个内部隔间都有独立的供排气。当在管道井通过楼板处进行通风（除了分隔管道），则应通过一个至少 100 平方米的自由通风通道；如果通道大于 400 平方米，则使用一个可移动网格保护。

　　当管道井的通风在上部进行（除了分隔管道），则需使用一个至少 150 平方米的开口或与空气连通的垂直管道，或者位于屋顶（采取防雨措施）；或者位于管道井最高处的外立面（与所有开口距离至少 40 厘米，或与所有通风口（包括风门）至少 60 厘米。

　　对于第三类 B 和第四类建筑类型的住宅而言，管道井不得设在楼梯间内，除非楼梯是露天的。在管道井的隔墙向内部设置时，管道井的通风可以分割成多个隔间进行，底部通风 50 平方米、高处通风 50 平方米、楼层分隔点密封。

### 9. 燃气表室/燃气技术柜

燃气表室是给集体建筑不同房间统一安装燃气表的场所。燃气技术柜是一个带门的安装燃气设备的专门器具。这个柜子的体积不允许设置一个关闭的门。有两种技术柜，即经典技术柜（与房屋同时建造，墙壁使用勾缝的坚固材料）和预装式技术柜（有一个金属或非金属的柜子，已在工厂安装并调试所需部件）。

一般来说，燃气表室或技术柜汇总了集体住宅一个楼梯间能连通的所有房间的燃气表，它通过低压供电。出于经营原因，法国燃气配送公司不允许新建建筑或一个楼梯间连通超过 10 户的已有建筑使用燃气表室或燃气技术柜来为住户服务。

燃气表室或燃气技术柜应完全只用于燃气设施。适用于表室或经典技术柜设计要求如下，燃气表室的隔墙应使用坚固材质（石头、砖、砾石、水泥）并勾缝，若使用中空材质，应在其内面进行粉刷；必须由带框架的门关闭，并带有向外打开、通往公共场所或露天场所的窗扇，门必须通过易操作的方式保持关闭，在内部使用固定手柄，在外部使用与操作独立截止装置相同的可拆卸钥匙。

对于燃气技术柜，则没有必要在门的内部配备一个固定手柄。

燃气表室必须配有电力照明，并且应满足 NFC 15-100 标准的要求。间接照明即可。可将整个电力装置安装在表室外，这样表室的照明通过固定的玻璃灯实现。

燃气表室或燃气技术柜应通风。空气通过以下方式从低处进入：通过建筑外部至少 200 平方米形式不限的横截面（对于技术柜来说是建筑外部 100 平方米或通风或空气流通的空间）；或者通过一个至少 200 平方米的送风管道，从外部吸入空气，并通向房间的底部（对于技术柜来说，是建筑外部 100 平方米或通风或空气流通的空间）。

空气通过以下方式从高处排出：通过建筑外部至少 200 平方米形式不限的横截面（对于技术柜来说，是建筑外部 100 平方米或通风或空气流通

的空间）；通过一个至少 150 平方米（对于技术柜来说是 100 平方米）的送
风管道。如果做了相应布置，包含出线管道（燃气表后的管道）的管道井
可以用作通风管道。

以下信息应牢固刻在燃气表室的门上。

| 燃气 |
| :---: |
| 严禁在此吸烟或携带明火进入 |

以下这些明显可见的信息则标记在燃气表室内部：

| 阀门操作——注意 |
| :--- |
| 1. 确保您要操作的阀门是属于您的。 |
| 2. 只有在保证您房间内所有阀门均关闭的情况下才能打开此阀门。 |
| 3. 假如您错误地关闭了另一个阀门，不要再将其打开，请通知相关人士，在其确保其室内所有阀门均关闭的情况下，让其自行打开阀门。 |

燃气技术柜（经典技术柜）门的内部须标注的信息和燃气表室的信息
相同。

预制式燃气技术柜必须安装在建筑外部；技术柜不能嵌入安装，但是
可以紧挨建筑，或安装在建筑外立面一个制成的凹陷处，不得和房间内部
有任何连通，确保燃气表后面的接线（连接燃气表和房间内部设施）符合
规范。相反，经典技术柜可设置在建筑内部，只要满足上述安全标准，特
别是关于通风的要求即可。

## 10. 等电位连接

位于建筑内部或建筑外部且属于建筑一部分的燃气金属管道应接入建
筑等电位连接的主线中，并且接地（横截面至少 6 平方毫米或与建筑接地
横截面相同）。如果为立管、燃气表室或燃气技术柜供气的燃气管道没有放
置在套管或管道井中，则必须在燃气管道连接进建筑物后，立即进行等电
位连接，此连接可以是可拆除的。如果为立管、燃气表室或燃气技术柜供
气的燃气管道放置在套管或管道井中，则必须在立管的管道井、燃气表室

或燃气技术柜中进行等电位连接，此连接不可以从燃气管线上拆卸。该连接必须在电气管道井中接入建筑的等电位连接中，并标记为"燃气接地"（图 2-40）。

禁止使用燃气管道作为接地装置或使其承受任何机械应力。

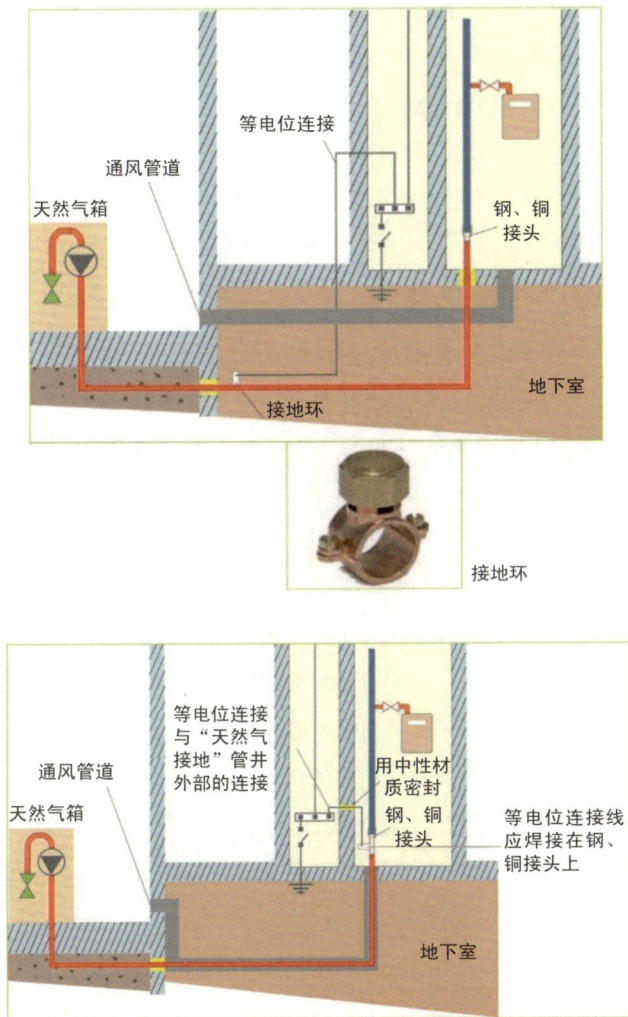

图 2-40　等电位连接示意图

### 11. 工程监管

在集体住宅建筑的燃气连通工程施工之前，业主应尽快向法国燃气配送公司提交一份相关工程的临时施工状态说明。法国燃气配送公司根据《燃气装置监管指南》并参考《燃气装置监管参考框架》的不同章节内容，检查上述工程是否符合现行法规和本规范。在一个月的时限内，法国燃气配送公司向业主反馈一份监管报告，明确临时施工状态说明符合各项规范，或指出不合规范需要改正之处。在新设施投入使用前进行技术验收时，法国燃气配送公司将根据同一监管指南对设施进行物理检查（设施可见、可访问或已申报的组成部分）。如果未见任何异常，法国燃气配送公司可开始运行整个工程。如有异常，法国燃气配送公司必须在纠正异常情况后才能开始运行整个工程。

### 12. Gazpar 智能燃气表

近年来，一种能计算家中燃气消耗量的 Gazpar 智能燃气表已逐渐在法国家庭中使用，它可以实时计算能源消耗，简化网络管理员的干预并提供更好的可见性以实现节约能源的目的。每天两次，只需 1 秒钟，它就会将燃气消耗指标传输给能源供应商。居民可以设置一个警报，当超过一定的消费水平时会立即提醒居民，实现了更简单地控制每天的能量消耗。

Gazpar 与现有仪表的主要区别在于它配备无线电系统，允许将消耗信息传输到法国燃气配送公司。智能燃气表通过发射一系列低强度无线电波来发送信息，持续时间不超过 1 秒，每天两次。智能燃气表发出的无线电波被位于 5 千米半径内的集中器接收。正是该设备通过卫星或有线互联网连接，将消费数据传输到法国燃气配送公司信息系统。

这些智能燃气表于 2017 年开始在法国安装。居民可以用旧燃气表免费更换 Gazpar 智能燃气表（图 2-41）。

图 2-41　Gazpar 智能燃气表

## （三）相关技术

### 1. 燃气输配管网安全技术

法国燃气输配系统管理调度已普遍采用了自动化与电子计算技术。全国已基本建立了"四遥"信息系统，由国家调度中心和地区调度中心进行自动控制和远距离操控。国家调度中心负责输气主管特定点及压缩站的遥测、遥警，管理气源的输送、地下贮气库的注气，遥控压缩站启动或运行调节。地区调度中心负责输气主管特定点进行远距离监视；远距离监视地区管辖的管道与压缩站多执行国家调度中心的命令和地方当局的命令。每个运行部门都设有一个与中心计算机相连的接收站，除向用户供气、计算耗气量和一切涉及运行部门的管理外，还储存诸如气质、管径、管节点间距等数据。

根据每个用户的月耗气量、年耗气量，法国燃气集团设计出程序，使得计算机计算出小时耗气量，并将小时耗气量分别分配到管道的各个节点。然后，计算机进行输气流量和每区段压力降的计算，并算出各节点压力、压力降后每区段流量。

此外，法国定期进行管道严密性检查，地面上用火焰离子进行全面探测。一旦发现漏气，就进行定位检查，开挖路面后，用测爆计或卡达奥计分析地下漏出气的浓度，即可准确测出漏气部位。再根据漏气程度来确定是否修理。

为了使人们能感知燃气漏气，就对燃气进行加味，法国选用四氢噻吩为煤气的加臭剂，注入浓度为 30～50 毫克/立方纳米。

法国目前已采用无线电信息装置，对输配工作进行监视与检查，可迅速发现事故发生的地点、分析原因与严重程度。然后，用无线电向抢修救护车发出紧急、准确的通知。

### 2. 燃气泄漏检测技术

（1）法国 CYBAT 公司检测技术

法国 CYBAT 公司自 2004 年以来，获得了法国燃气配送公司 ATG 的认可，具有法国燃气配送公司和 QUALIGAZ PRO 批准的强制性认证（图 2-42）。针对燃气泄漏情况，使用"非破坏性"定位和检测技术，相关设备有：

- $N_2H_2$ 氢化示踪气体电子装置。

- 无线电检测收发器 640 Hz、8 Hz、33 Hz，法国燃气配送公司批准的探头。

- 33 kHz 可检测针、声学探头。

- 丙烷和丁烷的电声检测。

- $CH_4$ 气体管网使用的红外摄像机。

- 气体密封性测试和氮气加载程序。

- 气体检测探头 33 kHz、512 Hz 和 640 Hz。

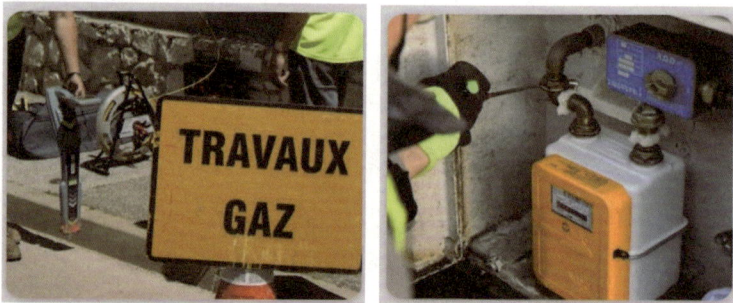

图 2-42　燃气泄漏检测

（2）法国 METRAVIB RDS 公司检测技术

由 METRAVIB RDS 公司开发的 LDS 声波泄漏检测系统已经成功地运用在水、石油、燃气管道的检漏上，具有灵敏度高、定位可靠、报警正确率高等特点。任何介质泄漏都会产生噪声，它的振幅和频谱取决于介质类型、泄漏量大小和流体形状，在管道上任何一点，泄漏噪声会产生一种压力波动和振动，可通过特殊的声波技术和在管道上安装振动传感器测得。

具体做法为，将两个传感器分别安装在被测试的管段两端，通过确定管道内声音传播的速度和利用两个传感器之间的确切距离，确定出漏点的准确位置。LDS 泄漏检测系统包括直接安装于管线上的 N 台发射机和安装在控制室里的一台用来显示测试结果的 PC 机。每台发射机包括一台传感器，一台用于调节传感器的电子微处理器、信号处理器、数据记载器、存储器、警报发生器和发射装置。PC 控制器是一台普通个人计算机，运行的是专用软件，通过通信网络与每一台发射机连接，一台 PC 控制器显示和管理 10 台发射机，发射机和 PC 控制室之间的通信网络有电话网络、卫星电话网络、纤维光学网络、电缆等类型。该系统已于 1998 年 6 月开始运用在法国一家燃气公司的燃气管道上。

### 3. 燃气回收技术

在管道上进行维修、抢修、改（扩）建、改线换管、更换阀门等作业时，都要进行燃气放空操作。一般是将燃气直接燃烧或排放，这不仅会造成巨大的经济损失，而且对自然环境和人身安全造成威胁。

法国燃气回收技术发展目前已比较成熟，可以替代或加速管道计划性放空。以运行压力 10 兆帕、阀室间距 30 千米的燃气管道为例，其具体做法是首先关闭目标管段的上游阀室截断阀，利用下游管道压缩机快速将截断阀至压缩机之间的管道燃气压力抽至 5~7 兆帕，然后将目标管段的下游阀室截断阀也关闭，在下游截断阀两侧安装并启动移动式车载压缩机（管道燃气回收车），将目标管段内的燃气压缩到下游管线中。考虑到时效性，一般将管段内的燃气压力回收至 1~2 兆帕即可。管道内剩余的燃气可以采用冷放空或热放空处理。有时为了以最快的速度清空管道内的燃气，回收和放空可以同时进行。

　　燃气回收技术的关键是燃气回收车，法国燃气集团使用的燃气回收车由 12 缸 750 千瓦、每分钟 1 400 转的燃气发动机驱动，配备自动运作的控制系统，可在-40～35 摄氏度的环境温度下工作。整车长 13.5 米、宽 2.6 米、高 4.6 米、重量 42 吨。图 2-43 为法国燃气管道燃气回收现场。

图 2-43　法国燃气管道燃气回收现场

# 六、亮点

　　目前，法国燃气集团解决燃气管线安全问题的有效手段之一就是加强基于风险评价的安全管理，并制定相应的法律法规，加强安全管理的规范性和实施力度。

## （一）立法先行，科技相辅

　　由于大型都市的地下管线种类繁杂，权属以及行政管理划分层次不一，法国政府选择了对地下管线进行综合管理。法国选择了"立法先行"的方式。自 2006 年起，法国便开始推进管理地下不同管线的立法工作，从法律上首先规范地下管路的规划、建设、运营、维护，以及监管等事务的责任与义务，同时统一法律责任人，以便在实际中便于综合管理。在 2006 年与 2010 年，法国先后两次专门对地下管道的监管与建筑审批问题进行了明确的统一立法。除此之外，法国为了配合相关法律的具体实施过程，还特意整合了部分行政监管部门，做到有法可依。法国 2012 年颁布的《燃气、碳氢化工类公共事业管道的申报、审批及安全法令》也对暂时或永久停止使用管道的安全监管及环境保护行为做了明确的规定。

法国作为科技发达的工业国家，近年来也在筹划将一些高新技术应用在城市地下管线管理当中。以巴黎为例，巴黎市政府目前正加快建立城市地下管线数据库，以便对城市地下管线的实时状态进行动态管理。同时，巴黎还计划加快电磁感应技术在地下管路的定位与施工中的应用，以便提高相关部门对管道的修补效率。

## （二）燃气安全信息的公开化

欧洲天然气工业技术协会的燃气安全统计体系建立了科学系统的燃气安全信息收集和公布体系，不断提高燃气安全信息的公开化程度，并加强燃气安全信息的权威性、系统性和定期发布；在充分且准确的燃气安全信息的基础上制定合理的法律法规及基于风险评价的安全管理规范，促进燃气行业的安全、有序发展。

## （三）加强燃气企业监管

法国能源部每年要求燃气公司提供以往案例和整套安全管理体系及操作规范，并要求企业高管签订承诺书，明确安全技术措施和人员保障，审核通过后颁发燃气安全许可证，燃气企业要定期向能源安全部门报告相关事故案例，如有违规操作，能源部可向法院提起诉讼。

## （四）突出行业人才专业培训

法国拥有一套完善的燃气行业人才培训机制，以法国燃气协会组织为例，每年对全国燃气企业员工尤其是一线员工分层次和类别开展业务培训和考试，并颁发培训资格证书，通过培训者方可入户作业，确保了一线操作人员的专业性、规范性。

## （五）加强非专业人士对燃气安全的理解

借助欧洲天然气工业技术协会搭建的欧洲燃气安全统计体系进行国内燃气安全管理，完善对外公布的燃气工业安全信息，加强普通人员对燃气安全的认识和了解。

## （六）强化安全主线思维

法国燃气配送公司一直强化安全主线思维。法国燃气配送公司承载了法国燃气行业的悠久历史和先进理念，形成了自身独特的发展战略和管理经验。在保障燃气安全方面，安全主线贯穿始终、畅通上下，同时十分重视事故经验反馈。法国燃气配送公司对每一起事故或者未遂事故都有严格深刻的经验反馈，立行立改，避免同样的原因再次引发事故。法国燃气配送公司每年在员工安全教育上投入巨大，事无巨细抓安全，时时刻刻强管理，员工的全员安全和本质安全意识很强。

## （七）坚决去石油化

法国等欧洲国家坚决去石油化，将燃气作为构建零碳能源社会的中间桥梁，大力发展风能、水电、太阳能等新能源。法国政府则宣布 2040 年后将禁止国内石油和燃气的开采活动，而且对油气投资在贷款、融资方面，政府、银行业持拒绝态度并进行限制。

法国 ENGIE 能源集团的业务遍及整个能源价值链，从低碳生产到为所有客户提供能源性能解决方案。业务范围包括可再生能源利用（风电、太阳能、地热能、生物气、生物量、氢能、水电）、智慧城市设计、热利用（火力发电、核能、煤）、基础设施建设（能源分配、电转气、蓄能设备、交通工具）。在生物气应用领域，法国 ENGIE 能源集团将生物气研发分为 3 代。第 1 代生物甲烷来自有机废物的厌氧分解，可用于汽车加气或注入燃气网络。法国 ENGIE 能源集团在法国已发展了两项生物甲烷工业化项目，将第 1 代生物甲烷引入里尔市的燃气网络，在福尔巴赫市使用生物甲烷燃料。第 2 代生物甲烷是由木质纤维素生物质（木材和稻草）气化，由"热化学转换"过程生产。这一过程分为两个阶段：第一阶段，生物质转化为合成气；第二阶段，通过过氧化氢合成将这种合成气体转化为生物甲烷。第 3 代生物甲烷来自利用自然光、水和矿物在高产光合反应器中培育的藻类直接转化，同时循环利用二氧化碳，这项新技术预计在 2020—2030 年实现工业化规模。

# 第三部分

# 日本燃气管线安全管理

日本国土面积 37.8 万平方千米，2022 年总人口约 1.25 亿，全国约有 3 170 万消费者（含家庭用户、学校、党政机关、商业场所、工厂等场所）使用城市燃气。2022 年其燃气管道总长度约为 26.89 万千米，其中低压管道（0.1 兆帕以下）占比 85.8%，中压管道（0.1～1 兆帕）占比 13.2%，高压管道（1 兆帕以上）占比 0.9%。2022 年，日本燃气销售总额为 402.39 亿日元，工业用途占一半以上。日本使用燃气中，91.1% 为进口天然气，3.7% 为国产天然气，液化石油气（LPG）及其他燃气占比 5.2%。

## 一、发展历史

日本首次使用燃气是在 1872 年，当时在横滨首次使用了燃气灯，由此开始使用燃气，并逐渐将燃气用于更多领域。随着人口增加和城市化进展，日本天然气运营商的数量从第二次世界大战后的 75 家增加到 1955 年的 100 多家，并在 1976 年达到 255 家。此后，由于企业的合并和转让，运营商的数量减少。由于引进了天然气，通过高压管道进行更大规模和更有效的供应，用户数量已从 1980 年的约 1 700 万增加到 2012 年的约 2 900 万。燃气管道的里程也随着这种需求的增长而增加，从 1991 年的 18 万千米增加到 2011 年的 25 万千米，增长了近 40%。2019 年，日本燃气管道的长度约为 26.5 万千米。

近年来，为了满足不断增长的用气需求，提高管网的稳定性，在日本敷设的高压天然气管道的长度不断增加。2014 年，高压天然气管道的敷设长度比 1995 年翻了一番，中压和低压天然气管道的敷设长度是 1995 年的 1.3 倍。

日本的天然气基本依赖进口，主要利用轮船将天然气运到国内的液化天然气（LNG）接收站或基地。日本的天然气管道主要由燃气公司依托 LNG 接收站及周边消费区域建设并运营，天然气的管道输送业务和销售业务捆绑，没有独立的管道输送公司。受地理条件限制，日本国内很少有长输管道，在一些没有天然气管道连接到 LNG 接收站的地区，大多使用卡车和货车进行运输。日本的 LNG 接收站大多建设在高需求区附近的港口地区。燃气管道以接收站为起点进行建设，由私营企业主导的通用天然气公司和天然气管道运营商进行，其原则是建设成本从管道企业的天然气零售收入和输送费用中收回。因此，为了应对不断增长的需求，天然气管道在区域基础上呈扇形发展。高压管道也得到了发展，主要是在大都市地区和天然气生产地区周围建设。区域天然气管道网络之间的相互连接也很有限，例如东京和名古屋之间就没有高压管道连接。

为配合终端用户自由选择供应商的改革措施，1995 年修订的《燃气事业法》提出，当时在日本国内市场份额占比较大的 3 家大型燃气公司（东京燃气公司、大阪燃气公司、东邦燃气公司）的天然气管道，可以通过自由协商的方式对第三方开放。但由于缺乏标准统一的第三方开放规则和公开透明的管道利用信息，市场主体在实际利用管道的过程中遇到了较大障碍。于是 1999 年进一步修订了《燃气事业法》，将管道对第三方开放制度化，并将西部燃气公司纳入管道对第三方开放的范围，至此日本国内市场份额最大的 4 家燃气公司的天然气管道全部纳入开放范围。2004 年修订的《燃气事业法》提出了更加规范的第三方开放要求，即燃气公司需要公开其管道利用的规则和条件，并提出对第三方开放的标准化合同模板，管道输送业务也被要求在管理和财务上与天然气销售业务分离。2015 年修订的《燃气事业法》进一步要求东京燃气公司、大阪燃气公司、东邦燃气公司在 2022 年前实现管道运输业务在法律上的拆分。

目前，日本全国共有 193 家燃气企业，其中国有企业 18 家，私营企业 175 家。为了实现高效率的燃气供应，同时有效利用现有燃气管道，日本以各个大城市为中心逐渐普及燃气。

## 二、建设与管理

### （一）建设情况

受地理条件限制，日本国内跨区域长输管道较少，天然气资源通过 LNG 接收站进口后直接就近销售，形成了以燃气公司和电力公司为主，集自主进口气源、建设和运营 LNG 接收站和输配管道、向终端用户直接销售或自用天然气为一体的纵向一体化特点，各燃气公司在各自区域内形成垄断经营。

根据日本燃气协会（JGA）的统计，2021 年日本燃气管道的长度为 267 660 千米，其中低压管道占比 85.5%，中压管道占比 13.5%，高压管道占比 1.0%。近几年日本燃气管道长度变化情况见图 3-1。

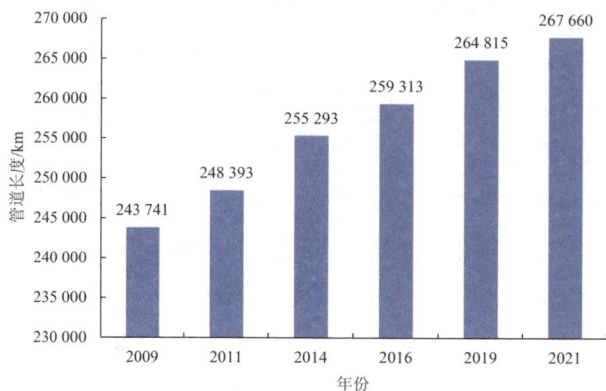

图 3-1 　2009—2021 年日本燃气管道长度变化情况

　　燃气管道中，平行于道路埋设的管道叫作主干管；从主干管上分出、穿过道路将天然气引到用户家的管道叫作供给管；从用户的住宅分界线到燃气阀的管道叫作内管，内管又分为灯外内管和灯内内管；从用户的住宅分界线到燃气表阀门的内管叫作灯外内管；从燃气表阀门到用户家中的燃气阀门的内管叫作灯内内管（图 3-2）。

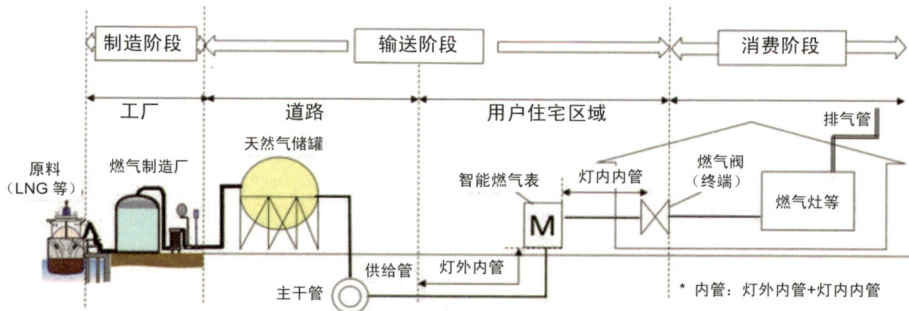

图 3-2 　天然气供应各阶段示意图

## （二）管理情况

### 1. 管理部门及管理方式

日本燃气安全、高效、稳定供应相关的政策制定等主要由经济产业省的资源能源厅负责。日本天然气管道主要由城市燃气公司和电力企业运营管理，政府没有强制要求管道之间要实现互相连通，但要求城市燃气公司和电力企业有义务确保其所在区域的天然气供应安全。

日本各燃气企业所进行的安全管理活动多为"自主性安全管理"的模式，而支撑企业开展"自主性安全管理"的两大支柱则为"安全规程"和"燃气主任技师"两种制度。

安全规程，是将燃气设施施工、维护及运行过程中必须遵守的最基本事项汇总而制定的一种规章制度。"安全规程"在燃气企业所制定的有关安全问题的各项制度中享有最高的地位，也是燃气企业在安全管理方面最基本的规章制度。

"燃气主任技师"是按照《燃气事业法》的要求所选聘的负责安全的专职人员，在法律意义上是负责安全监督工作的最高负责人，在对燃气设施的施工、维护及运行工作中，按照"规章制度（安全规程）"的要求，起着"安全监督"的作用。燃气企业应依照相关法律来聘任"燃气主任技师"。"燃气主任技师"是日本《燃气事业法》规定的国家从业资格，要求被聘用人员忠于职守，对于玩忽职守者，《燃气事业法》也制定了相应的罚则。

日本燃气协会是由城市燃气公司组成的一般社团法人，截至 2022 年 9 月，共有 200 家正式会员单位，东京燃气公司、大阪燃气公司、东邦燃气公司等均为其会员单位。其致力于燃气行业的健康发展、天然气的推广普及、能源的稳定供应和安全，并负责制定相关标准，积极为燃气行业作出贡献。其职能包括行业安全监管、制定行规行标、提议行业政策、整合行业资源等，在日本城市燃气安全管理方面的作用举足轻重。

日本燃气协会经常举办多种燃气安全活动，特别是每年秋季，都会与政府一起联合举办一次名为"安全—燃气—生命 21 运动"的盛大宣传活动。燃气企业通常会在每年冬季前的销售宣传活动中，进行安全使用燃气器具方面的宣传。日本燃气协会也会制作各种宣传单页，向用户发放。为消除致命性事故，日本燃气协会深入细致地开展工作，根据时代、生活方式及人口老龄化社会的特点，策划不同形式的公关活动。同时，还针对不同类型的用户，设置量体裁衣式的公关服务，如把家庭划分为老年家庭、年轻家庭和普通家庭等。有些燃气企业与福利组织合作，对其服务区内的老年人进行定期拜访。日本燃气协会对此类活动给予支持并进行推广，还将相关信息在全行业内共享。另外，也积极推动与当地组织合作开展各项安全活动，为学校编制并提供燃气器具安全使用方面的教材，目的在于创建一种安全文化，通过教育下一代，让每个用户都能够安全使用燃气器具。

### 2. 安全管理措施

（1）明确燃气企业的管理职责

在日本，燃气设施的所有权是以公路与用户地产之间的边界来划定的。燃气企业的安全保障义务延伸至用户地产内燃气表后的户内燃气管道，甚至直达燃气出口。燃气企业拥有用户燃气设施的所有权，用户在使用燃气时，同时要租赁相关燃气设施，一旦开通了燃气服务，即使没有使用燃气，每个月也要缴纳租金。这样明确了产权关系，也就明确了燃气企业对燃气室内设施的安全责任，燃气企业也愿意为安全投入相关的人力、物力和财力，这些投入又以用户租金的方式返还给燃气企业，即用户付出相应的费用后获得了优质可靠的燃气服务，这样就解决了燃气设施所有权和安全义务分离产生的矛盾。

日本燃气所有权及安全义务边界的划定见图 3-3，其中生产环节包括生产设施（如 LNG 接收终端）与管网起点之间的所有设施。

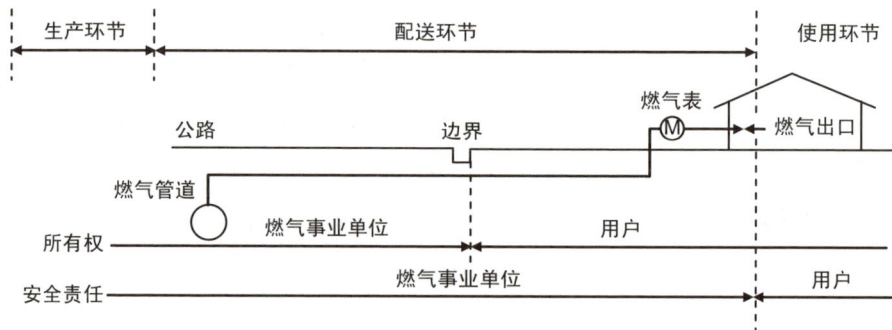

图 3-3　日本燃气所有权及安全义务边界的划定

（2）燃气安全管理目标

日本的燃气法律与规章都将保障用户安全放在首位。为消除造成严重损失的燃气事故，如死亡事故及人身事故等，并逐步减少可能造成重大事故的轻微事故，日本制定了《天然气高度安全计划2030》，设定了理念目标（高度安全目标）、数值指标（高度安全指标）及实施计划（Action Plan）。其中，理念目标为"为实现2030年天然气事故零死亡的目标，国家、天然气公司、消费者和相关企业将稳步履行各自的职责，并根据环境变化迅速采取应对措施，齐心协力打造安全、安心的社会环境"，数值指标情况见表3-1，实施计划包括生产、供应、消费各个阶段燃气行业应该采取的具体措施。

表3-1　2020年及2016—2020年各阶段燃气事故数量及达标情况

单位：件/年

| 类别 | | 2020年 | 2016—2020年平均值 | 现行指标完成情况 | 2030年指标 |
|---|---|---|---|---|---|
| 全体 | 死亡事故 | 1 | 0.6 | 完成 | 0～1 |
| | 人身事故 | 20 | 24.6 | 基本完成 | <20 |
| 消费阶段 | 死亡事故 | 1 | 0.2 | 完成 | 0～0.5 |
| | 一氧化碳中毒 | 2 | 4.2 | 完成 | <5 |
| | 除一氧化碳中毒外的事故 | 6 | 9.2 | 完成 | <10 |
| 供给阶段 | 死亡事故 | 0 | 0.4 | 基本完成 | 0～0.2 |
| | 人身事故 | 11 | 11.0 | 未完成 | <5 |
| 生产阶段 | 死亡事故 | 0 | 0 | 完成 | 0～1 |
| | 人身事故 | 1 | 0.2 | 完成 | <0.5 |

（3）防止施工破坏相关措施

为防止施工对燃气管道造成破坏，日本燃气协会在官网上公布了燃气管道查询窗口，供施工单位进行查询。以东京为例，网站上公布了各市的燃气服务公司的查询网址和电话等信息，根据施工位置分别进行查询，查询系统分为道路上的燃气管道和住宅区内的管道两种。东京在埋设燃气管道附近的电线杆上贴上标识，标示此处有燃气管道，上面写有联系电话等信息，方便与运营商进行联系，见图3-4。

图3-4　东京电线杆上的燃气管道说明

根据《燃气事业法》中罚则的规定，对于损坏燃气相关设施者，或者妨碍燃气正常供给者，处5年以下的拘役或100万日元的罚金；对于擅自操作燃气设备妨碍燃气供应者，处2年以下拘役或处50万日元以下的罚金；燃气从业者在无正当理由的情况下不办理燃气设备的维护或运行等业务，对燃气供给造成影响的，也与上述同样处罚；上述前两项行为未遂者也会受到处罚。

在施工之前，施工单位要提前与燃气运营商取得联系，如实说明施工项目名称、施工地点、施工内容、工期、设计图纸等，确认燃气管道的位置和走向情况，必要时需燃气企业人员进行现场确认。为防止施工造成燃气事故，日本积极进行宣传引导，要求施工企业做到以下几点：

①在施工之前，应向燃气运营商咨询燃气管的有无、配置状况及使用情况，必要时可要求燃气运营商到现场进行指导监督；

②从燃气运营商了解到的信息，应通知到现场全体施工人员，以便进行适当的施工作业；

③在埋设燃气管的附近，避免使用烟火或电动工具，特别谨慎地进行作业；

④住宅内埋设的燃气管多位于人行道或车道较浅的地方，因此应特别注意；

⑤在施工过程中，发现燃气管或无法判断是否为燃气管的埋设管线时，应与燃气运营商联系；

⑥嗅到燃气味时，应停止使用烟火或电动工具，并立即联系燃气运营商。

此外，为了防止施工破坏，还需使用标识带、标识针、标识柱等清楚标明燃气管道的位置，方便施工人员确认，见图 3-5。

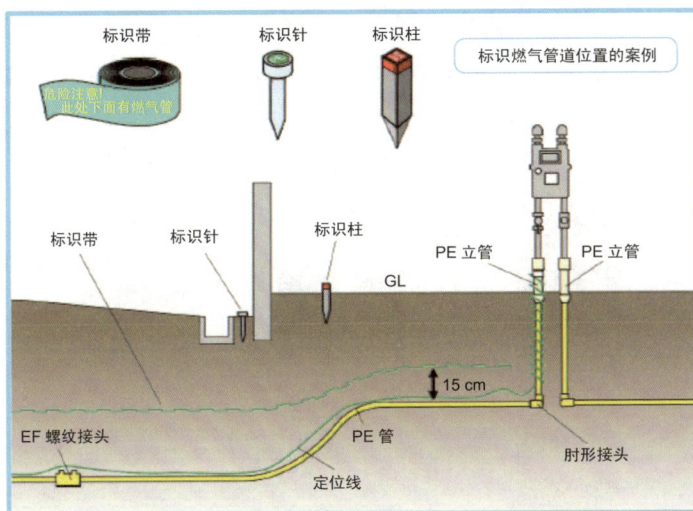

图 3-5　燃气管道标识方式示意图

（4）应急措施

在地震发生时，需及时停止燃气供应，减少二次灾害。日本将燃气供应区域分为多个区块，根据各区域的情况判断是否停止供应，尽可能地减少停止供应的范围。此外，还在用户住宅安装智能燃气表，在感知到 5 级以上的地震时，就自动停止燃气供应。下面以东京燃气公司为例进行说明。

①区块管理减少停止燃气供应的范围。

东京燃气公司将服务区域划分为不同区块，目前低压管线网有 300 多个区块，中压管线网有 25 个区块。当大地震发生后，能够识别出重大受灾区块，并切断该类区块的供气，而非全部断气，这样就可使受供气中断影响的区块减至最少，同时又能避免二次灾害的发生。每个区块都已安装地震仪，用作是否切断供气的判断标准。视震级或情况切断整合区块或单位区块供气的几种方法为：供气设施（如储气罐等）停止供气；关闭中压管道上的阀门；关闭目标区块内的调压器。

公司利用"超高密度即时地震防灾系统"（SUPREME）感知供给指令中心收集的信息，如果发现某区块出现火灾或房屋倒塌等灾害时，会远程切断所在区块调压器。SUPREME 系统是世界上首个地震防灾系统，它通过高密度设置（约 1 平方千米内设置 1 处）的 SI 传感器（地震仪），能在短时间内收集观测点数据，通过远程操作停止区块调压器的供给，还具备高精度的管线损坏情况预测功能（图 3-6 和图 3-7）。

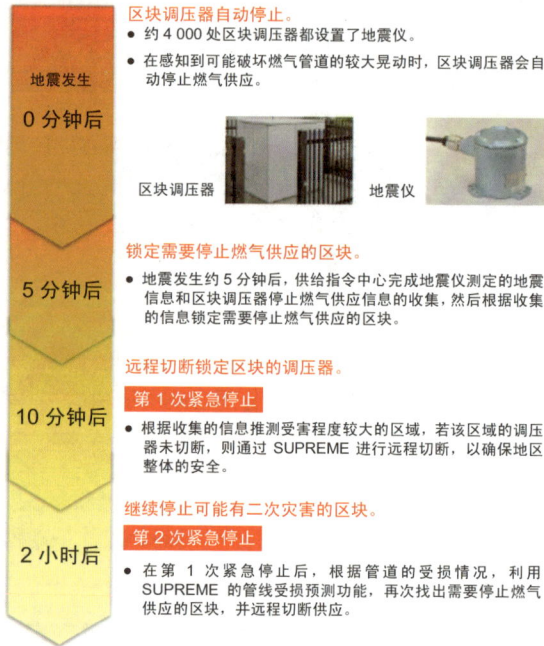

图 3-6　SUPREME 系统启动处理流程示意图

图 3-7　灾害时区块调压器切断示意图

②救灾及灾后恢复措施。

为积极推进灾后恢复工作，东京燃气公司建立了一项安全快速恢复供气的制度。在停止供气的区域，采用 IT 系统准确把握受灾情况，收集各区块调压器的信息，选择最适合的恢复方法，远程启动调压器，尽早恢复供气。

利用"修缮管理恢复支援系统"（HURRY）进行灾后恢复的管理。根据恢复计划的安排，将停止燃气供应区块的恢复方法输入系统中，对其进程（关闭阀门作业、修缮施工、泄漏调查、开阀作业）进行管理。根据需要安排适合的人员，高效开展灾后恢复工作（图 3-8）。

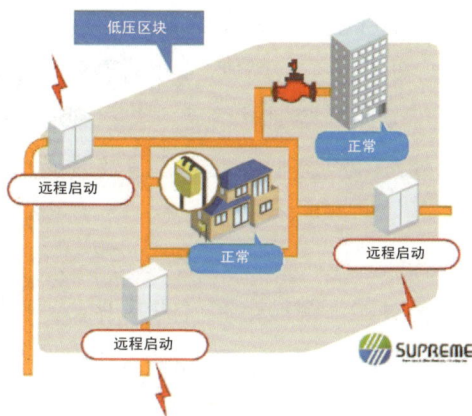

图 3-8　恢复供气流程示意图

此外，还利用"移动报告系统"（TG-DRESS）及时通过手机等方式报告恢复进展情况，与传统的由工作人员手工输入数据相比，该系统大幅提高了统计效率，有助于快速制订第二天的作业计划。熊本地震时就使用了此系统，为灾后重建作出了巨大贡献。

此外，当发生大规模灾难而必须切断燃气供应时，整个燃气行业应通过共同协作，向受灾用户提供帮助。具体做法有派遣高级救灾队、建立救灾体系、分担救灾费用及支付救灾基金等。

③制定《事业开展计划（BCP）》。

东京燃气公司制定了发生灾害时的《事业开展计划（BCP）》，预设了首都圈发生大规模灾害时的情形，建立了非常完善的防灾体系。在发生灾害时，除停止燃气供应减少二次灾害外，还要确保受灾较少地区继续供应燃气。东京燃气公司将平时的 600 多项业务进行盘点，确定了发生灾害时的优先顺序。

④24 小时安全指令中心。

为了预防燃气泄漏事故，东京燃气公司建立了 24 小时紧急出动安全指令中心（图 3-9）。全天候 24 小时 365 天确保燃气安全，在收到相关报告时，不论节假日还是周末均立即出动车辆，车上搭载现场燃气管和燃气设施的即时信息系统，供救援人员使用（图 3-10）。

如果闻到类似燃气的味道，用户需立刻打开窗户，关掉燃气阀和燃气表的阀门，并立刻到户外拨打东京燃气 24 小时服务电话，该电话为燃气泄漏专用服务电话，全年无休。接到电话后，会立刻通知附近的工作人员前往目的地进行检查与处置。应急车辆上搭载了及时显示现场燃气管道及燃气设备的线路图系统。

⑤供给指令中心远程监控。

供给指令中心负责对首都圈城市燃气的制造设备和供给设施的运营情况进行 24 小时 365 天的监控和巡逻。在地震发生时，负责受害程度分析、远程停止燃气供应等，以防止二次灾害的发生，每年进行约 100 次的应急训练（图 3-11）。

⑥全员参加防灾演练。

公司每年都会举行防灾演练，所有员工均要参加。还让员工参加国家或其他机构组织的演练活动，确保每名员工都能在紧急情况时采取准确的行动（图 3-12）。

⑦做好防灾物资储备。

公司提前在不同的仓库储备好灾后恢复时所需的物资，以便在紧急情况时迅速调用。还设置了家用加油设备，保障出现意外情况时的燃料供应（图 3-13）。

⑧编制防止台风和水灾计划，做好应对准备。

公司的燃气供给设备均为防水设计，不会有水浸危险。此外，调压器不使用电力，因此不会受到停电的影响。在大型台风来临时，还会根据天气情况提前制定应对措施，确保燃气正常供应（图3-14）。

图 3-9　东京燃气公司安全指令中心

图 3-10　工作人员查看车载管线系统

图 3-11　东京燃气公司供给指令中心

图 3-12　防灾训练动员情况

图 3-13　仓库备用器材及家用加油设施

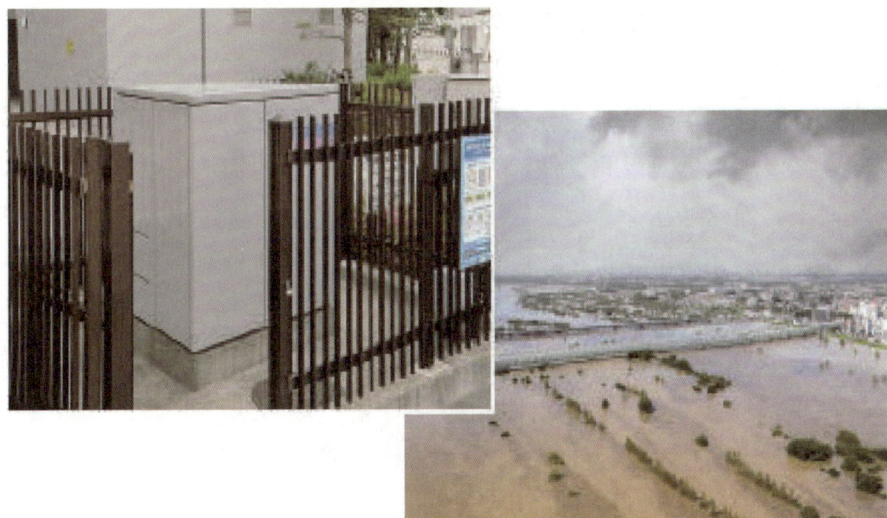

图 3-14　燃气设备具有防水构造

### 3. 未来安全管理举措

日本燃气协会提出了燃气行业发展 20 年规划，明确了 2030 年日本燃气发展目标，并提出将"高安全水平的维护与改善"作为实现愿景的七大行动之一，重申了安全管理在燃气行业发展中的重要地位。

2011 年 5 月，日本经济产业省原子力安全保安院（NISA）发布了《加强燃气安全的计划》，为日本 2020 年前城市燃气安全举措的发展指明了方向。日本燃气协会将依据该计划制订行动方案，并在整个行业内实施。

日本燃气协会与日本能源促进理事会（COLLABO）共同组建了"高安全性能燃气器具的开发与推广"研究小组。通过该小组的工作，加强措施以防止与燃气器具有关的严重家庭燃气事故的发生，同时努力提高商用厨房燃气器具的安全性能。

①开发各种技术，进一步提高安全水平。如在应用越来越广泛的高效热水器中嵌入 CO 探测器，以及安装不受限制的电池报警器等。继续围绕"安全—燃气—生命 21 运动"开展各项公关活动，努力提高公众燃气安全意识。通过举办各种专题会、提议修改指导原则及手册以及加强对用户燃气管道服务人员资质管理等形式，来提高燃气企业的安全服务水平，并支持燃气企业自行举办各种安全活动。

②审查燃气供应基础设施及燃气器具的设计与维护合理性。燃气供应基础设施及燃气器具受相关法律、规章制度和标准的管辖，以确保质量和公众安全。但这些法律、规章制度和标准需要根据技术进步及社会变化进行更新，协会还将继续提请政府审查技术标准，同时也会对自行制定的检验程序进行评审。

根据 2011 年 3 月日本东部大地震的受损原因分析及各种救灾活动的数据结果，协会对现行防震计划进行了评审，识别并汇总了未来燃气安全稳定供应与灾后恢复方面所面临的各种挑战，与政府一起编制、提议并实施合理的灾难应对措施。此外，日本燃气协会还采取其他必要措施，确保在面临网络攻击及高度致命流感疫情等突发情况时，能够继续供应燃气。

### 4．燃气利用规划

自 2015 年达成《巴黎协定》以来，世界各国对全球变暖的关注度不断提高，应对全球变暖的措施也在积极推进。日本提出了"到 2050 年实现温室气体整体零排放，即 2050 年实现零碳社会"的方针。为实现零碳社会，日本天然气行业也亟须进一步加快全球变暖对策研究，在此背景下，燃气行业于 2018 年 12 月制定了《活用城市燃气和天然气的长期全球变暖对策贡献蓝图》，致力于减少温室气体排放，积极应对全球变暖。此外，日本燃气协会制定了"2050 年碳中和挑战"，以进一步深化和加快迄今为止所做的碳减排努力，并明确业界实现碳中和的立场。

为实现 2050 年零碳社会，业界将深化天然气转型并加强推动"天然气本身的脱碳化"。创新是实现这一目标的关键。

首先，要开发"甲烷化"技术。甲烷化技术同时也是一种氢利用技术，特别是通过合成可再生能源产生的不含二氧化碳的氢和从液化天然气发电站废气中回收的二氧化碳中新生成"碳中和甲烷"，是在天然气业务中推进"供应方零碳举措"的一种手段。此外，这一技术还能有效利用输送管道和液化天然气接收站等现有的天然气基础设施，以及热电联产、燃料电池、热水器和空调等用气设备，在抑制成本的同时，为实现零碳社会和氢能社会贡献力量。

其次，行业还将充分利用在天然气领域积累的技术，构建包括氢燃料电池、加氢站、氢热电联产等在内的氢燃料网络，为推动氢的直接利用作出贡献。同时，业界还将灵活利用生物气体，推进天然气本身的脱碳化。

最后，除"天然气本身的脱碳化"外，今后还有望在研发和利用碳捕集、利用与封存技术（CCUS）方面继续创新，并通过国家、制造商和天然气公司之间的合作，在海外部署国内开发和展示的创新天然气设备和工程能力，在全球范围内减少二氧化碳排放量（海外贡献），并继续积极致力于推广碳中和液化天然气的使用，向 2050 年实现天然气碳中和发起挑战（图 3-15）。

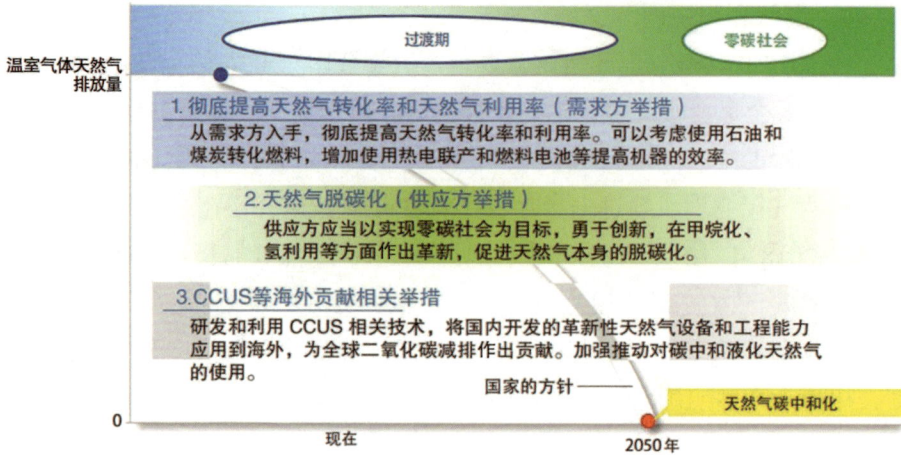

图 3-15    日本 2050 年天然气碳中和方案

天然气是目前城市燃气的主要原料，行业需要综合利用上述各种手段，根据最新的创新成果对天然气进行脱碳处理（表 3-2）。

表 3-2    天然气脱碳的主要方式

| 主要脱碳方式 | 示例 |
| --- | --- |
| 氢气<br>（直接利用氢气能源） | • 使用来自可再生能源的不含二氧化碳的氢气等<br>• 使用天然气改造产生的氢气（通过 CCS 法）等 |
| 碳中和甲烷<br>（将氢与二氧化碳合成） | • 将氢与生物气体或空气中的二氧化碳进行合成<br>• 将氢与液化天然气发电厂等产生的二氧化碳进行合成 |
| 生物气（biogas） | |

通过将氢气的直接使用、氢气甲烷化等创新技术与天然气系统相结合，日本燃气协会设想的 2050 年天然气供应蓝图如图 3-16 所示。因地制宜地分类使用碳中和甲烷或直接使用氢气等，对包括可再生能源在内的能源进行整体优化，为 2050 年实现零碳社会作出贡献。

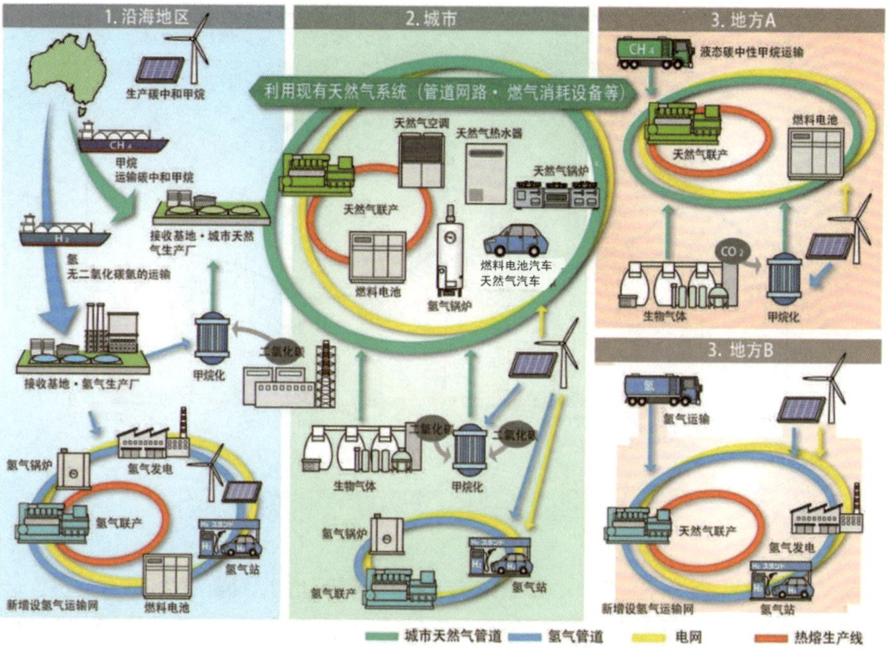

图 3-16　2050 年天然气供应蓝图

## 5. 燃气事故情况

日本的燃气事故率处于较低的水平。2020 年，制造阶段、供给阶段、消费阶段发生的燃气事故共计 339 起，比 2013 年的 767 起减少了近 60%。其中，出现死亡者的死亡事故 1 起，出现受伤、中毒等情况的人身事故 20 起，如图 3-17 所示。

根据日本消防厅的统计，2018 年发生的城市燃气和液化石油气泄漏事故或爆炸、火灾事故中，消防部门出动的燃气事故总数为 862 起，比 2017 年增加了 147 起。其中，城市燃气 408 起，液化石油气 454 起。

从类别来看，泄漏事故占 69.3%，爆炸、火灾事故占 30.7%。按气体种类来看，城市燃气发生泄漏事故的比例为 85.0%，爆炸、火灾事故占 15.0%；液化石油气泄漏事故占 55.1%，爆炸、火灾事故占 44.9%，见表 3-3 和图 3-18。

图 3-17　2010—2020 年城市燃气事故数量变化

表 3-3　2014—2018 年出动消防部门的燃气事故情况　单位：起

| 年份 | 燃气 | | 液化石油气 | | 合计 | |
|---|---|---|---|---|---|---|
| | 泄漏 | 爆炸、火灾 | 泄漏 | 爆炸、火灾 | 泄漏 | 爆炸、火灾 |
| 2014 | 400 | 44 | 195 | 163 | 595 | 207 |
| 2015 | 323 | 60 | 166 | 143 | 489 | 203 |
| 2016 | 390 | 52 | 212 | 160 | 602 | 212 |
| 2017 | 356 | 41 | 150 | 168 | 506 | 209 |
| 2018 | 347 | 61 | 250 | 204 | 597 | 265 |

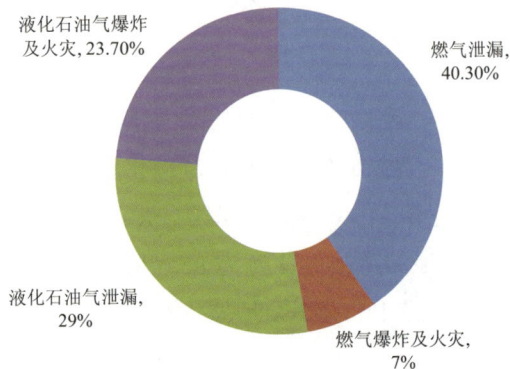

图 3-18　2018 年燃气事故占比情况

在事故原因方面，生产阶段的事故数量不多，其中 90%发生在特定的生产场所，最常见的原因是气体短缺、操作人员疏忽等造成的故障以及气体设施不足。

在供给阶段，约 47%的事故由第三方施工引起，20%由燃气设备出现问题引起的，4%由燃气公司内部的施工引起的。在第三方施工引起的事故中，约 79%的事故发生在用户私人土地内，21%发生在道路上。在燃气设备出现问题而导致的事故中，发生在主管道和供应管道（道路上）的事故与发生在内部管道（用户私人土地内）的事故比例基本相同。

在消费阶段，由燃气泄漏引起的爆炸或火灾事故占比 97%，一氧化碳中毒事故占比 3%。燃气泄漏导致的爆炸或火灾事故中，约有 60%是消费设备引起的，其余是燃气阀和配件引起的。

## 三、政策法规

20 世纪 80 年代，位于日本静冈县静冈市葵区绀屋町的静冈车站地下街发生了燃气爆炸，导致 15 人死亡、223 人负伤。第二次燃气爆炸事故发生在静冈县挂川市的一家烧烤店，起因是室内燃气罐的制水器漏出火花引起爆炸，继而发生了火灾。

这两次燃气爆炸重大事故，引发了日本民众对政府燃气安全管理的信任危机。政府部门总结事故经验教训，拟通过制定燃气管理法律法规加强燃气安全管理，燃气行业管理部门也在思考如何防止燃气再次发生爆炸，制定了有关防止事故的对策。日本相关企业也开始思考如何开发一种切断装置，在燃气出现泄漏时能及时自动切断燃气，从根本上杜绝爆炸，确保燃气使用安全和民众生命安全。基于上述背景，1986 年，日本有关企业开发出了附带安全装置的智能燃气表，对燃气安全起到了非常重要的作用。

### （一）燃气政策法规体系

日本燃气行业的政策法规包括法律、政令、省令、告示、通告等，政令、省令、告示、通告等均在法律的基础上制定，但当法律规定的内容比较详细时，则不再单独制定政令或省令。以《燃气事业法》为例，该法属于国家制定的法律，《燃气事业法实施令》根据该法的授权制定并实施，《燃气事业法实施令》对特定燃气发生设施的符合性标准、燃气设施检查的委托方式、特殊燃气设施的准用、燃气设备保证书的具体期限、县级或市级政府管理的具体要求等法律实施内容进行了详细规定；《燃气事业法实施细则》则对《燃气事业法》和《燃气事业法实施令》中提及的符合性标准或基准性标准进行了明确规定，以保证法律和政令的实施；而《基于燃气事业法的经济产业大臣的审查基准》《用于燃气泄漏检测器和以液化石油气体为检测对象的漏气火灾警报设备的中继器及接收器的标准》《根据燃气事业法实施规则的规定对建筑物进行区分》等一系列告示则明确了具体实施标准和法律、政令及省令的执行细节，见表3-4。

表3-4　《燃气事业法》相关法规体系

| 名称 | 类别 |
| --- | --- |
| 《燃气事业法》 | 法律 |
| 《燃气事业法实施令》 | 政令 |
| 《燃气事业法实施细则》 | 省令 |
| 《基于燃气事业法的经济产业大臣的审查基准》 | 告示 |
| 《关于燃气事业法应用相关的通告》 | 通告 |

总体而言，日本的燃气技术法规体系由法律、政令、省令和告示构成。燃气法律和政令偏重燃气行业的行政管理和实施程序性内容，而法律和政令中所涉及的技术要求则由省令具体规定，具体实施标准则由告示进行规定，燃气行业的告示实际起到了技术法规的作用。日本相关燃气法律法规的出台，为从根本上消除燃气事故，保障燃气使用安全夯实了法律基础。

### 1.《燃气事业法》

日本天然气行业市场化改革的管理部门是经济产业省资源和能源厅

下的电力和天然气产业处，其依据的主要法律文件是《燃气事业法》。《燃气事业法》于 1954 年颁布，从 1995 年开始实施，至今已经进行过多次修订。

《燃气事业法》主要包括 8 章和 1 个附录，第一章：总则。主要包括本法规制定目的和相关术语定义。第二章：一般燃气公用事业业务。主要对天然气公用事业公司开展相关业务、相关许可证书管理规定、施工检查、审查机构及注册气体设施检验机构等进行了说明。第三章：社区燃气公用业务。对开展社区燃气业务的机构或人员应具备的执照、许可证书等进行了说明。第四章：燃气管道服务业务。天然气相关人员在开展天然气管道服务业务时，应遵循的经济、贸易和工业部条例等规定。第五章：燃气供应业务。主要包括开展燃气供应业务应遵循的相关规定。第六章：燃气设备。主要包括出售限制、标识限制、业务变更通知、气体设备符合性检查规定、检验机构登记规定、防灾规定秩序及其他规定等。第七章：其他规定。燃气供应商应遵守的其他规章制度，包括气体用具的宣传及调查义务、参加资格证书取证的费用、公共土地的使用、在施工过程中清除植物等所应进行的损失赔偿等规定。第八章：处罚规定。规定了损坏天然气设施或干扰天然气设施运作等行为的处罚规定。

《燃气事业法》第 61 条第 1 款规定，管线企业使用的燃气设备必须符合经济产业省令规定的技术标准；第 64 条第 1 款规定，为确保燃气设备的施工、维护管理及运营安全，管线企业需制定安全规程，并在开展工作之前报告经济产业大臣；第 65 条第 1 款规定，管线企业需选任一名拥有燃气主任技术人员资格、具有经济产业省规定的实践经验的燃气主任技术人员，监督燃气设备的施工、维护管理及运用过程中的安全问题。

### 2.《规定燃气设备技术标准的省令》

《规定燃气设备技术标准的省令》第 5 章第 47 条规定，设置的管道有被腐蚀风险时，必须采取适当措施防止管线被腐蚀。

第 48 条规定，管道（不包括最大工作压力为低压且内径小于 100 毫米的导管）暴露在路面上的，应采取措施防止因车辆接触或其他撞击而损坏管线；埋设在路面下的本支管（限于最大工作压力为 5 千帕以上的聚乙烯管），应采取适当措施防止因挖掘等原因造成损坏；埋设在道路以外的地表以下的主管和支管，应采取适当措施防止因开挖等原因造成损坏。

第 49 条规定，最高工作压力为高压或中压的主支管，应在适当的位置安装相关装置，以便在发生紧急情况时能及时关闭燃气。

第 50 条规定，燃气表（但仅限于最大流量为 16 米$^3$/小时、最大压力为 4 千帕、孔径为 250 毫米的燃气表）必须具备迅速关闭燃气的功能。

第 51 条规定，埋设在道路上的管道应进行泄漏检查。高压管线自埋设之日起每年检查一次，其他管线自埋设之日起每 4 年进行一次泄漏检查。除埋设在地下的管线外，燃气表、燃气开关等也要按照一定的频率进行泄漏检查。

第 52 条规定，最大工作压力为高压的管道不得设置在建筑物内部或地基以下。

## （二）燃气安全相关法规

燃气安全至关重要，日本出台了许多燃气安全相关的政策法规。例如，在高压气体方面，除了《高压气体安全保障法》外，还有《高压气体安全保障法实施令》《容器安全规定》《特定设备检查规定》《一般高压气体安全条例》《液化石油气安全条例》《国际互相承认的容器安全条例》《有关高压气体安全法及相关政令省令的使用及解释》《一般高压气体安全规则的功能性基准的运用》《容器安全规则的功能性基准的运用》《特定设备检查规程的功能性基准的运用》《规定高压气体设备抗震功能的告示》等，对高压气体的安全相关内容进行了详细规定。

此外，还有高压气体安全协会制定的自主标准，如《液化石油气检测器认证规定》《液化石油气用不完全燃烧报警器认证规定》《液化石油气燃气泄漏报警器认证规定》等，对燃气相关设备进行认证，只有检验合格取得高压气体安全协会的合格证后才能售卖。

# 四、相关标准

日本液化天然气法规和技术标准体系分为国家、行业、地方等不同级别，分别由国土交通省、经济产业省等部门制定颁布。其特点是标准中套用法规和地方法令，体系内容涵盖安全、建筑、劳动环保、港口航运等内容。在液化石油气安全保障方面有三个重要法规，分别是《高压气体安全保障法》《燃气事业法》《电气事业法》，各行业协会根据这三项法规制定了一系列对应的技术标准，使用时要配合地方令和由各协会编写的其他标准。一系列日本工业标准（JIS）和日本燃气协会标准（JGA）、日本燃气器具检验协会标准（JIA）的制定，为日本燃气技术法规体系中相关技术要求的实施提供了保障。

## （一）日本工业标准

日本工业标准是日本国家级标准中最重要、最权威的标准，是由日本工业标准调查会（JIS）组织制定和审议的，其标准制定过程有着标准化的程序，并保持透明度。其制定的部分燃气标准见表 3-5。

## （二）日本燃气协会标准

日本燃气协会成立于 1947 年 10 月，2011 年成为一般社团法人，其职能涉及整合行业资源、制定行规行标、组织行业活动、提出行业政策等。该协会制定的燃气相关标准见表 3-6，其中，《容器、配管等腐蚀及破损相关的检查、评价、维修指南》规定了制造设备容器及配管的腐蚀及破损的检查方法、评价方法和维修方法，是燃气设备维护管理的专门技术指南。

表 3-5　日本工业标准中的部分燃气标准

| 序号 | 标准号 | 名称 |
|---|---|---|
| 1 | JIS S2120 | 《燃气阀》 |
| 2 | JIS B8571 | 《燃气表》 |
| 3 | JIS S2146 | 《燃气编码》 |
| 4 | JIS S2135 | 《燃气设备用快速接头》 |
| 5 | JIS S2145 | 《燃气用金属软管》 |
| 6 | JIS S2190 | 《燃气用橡胶管带》 |
| 7 | JIS S2154 | 《液化石油气抗震自动关断装置》 |
| 8 | JIS G5501 | 《灰口铁铸件》 |
| 9 | JIS K6348 | 《燃气用橡胶管》 |
| 10 | JIS K6774 | 《燃气用聚乙烯管 |
| 11 | JIS K6775-1 | 《燃气用聚乙烯管接头　第 1 部分：热熔接头》 |
| 12 | JIS K6775-2 | 《燃气用聚乙烯管接头　第 2 部分：套筒接头》 |
| 13 | JIS K6775-3 | 《燃气用聚乙烯管接头　第 3 部分：电熔接头》 |
| 14 | JIS K6351 | 《燃气用强化橡胶软管及软管组件》 |
| 15 | JIS B8262 | 《液化石油气用带安装支架的高压软管及低压软管》 |
| 16 | JIS K6347-2 | 《液化石油气用橡胶软管（LPG 软管）　第 2 部分：散装运输用》 |
| 17 | JIS K6347-3 | 《液化石油气用橡胶软管（LPG 软管）　第 3 部分：充填用软管及软管组件》 |
| 18 | JIS B8238 | 《液化石油气体用压力调节器》 |
| 19 | JIS B8242 | 《液化石油气用卧式圆筒形储罐　结构》 |
| 20 | JIS B8246 | 《高压气瓶阀》 |
| 21 | JIS E7701 | 《高压气罐车用气罐安全阀》 |

表 3-6　日本燃气协会制定的部分标准

| 序号 | 标准号 | 名称 |
|---|---|---|
| 1 | JGA 指-107-02 | 《LNG 地下储罐指南》 |
| 2 | JGA 指-108-02 | 《LNG 地上储罐指南》 |
| 3 | JGA 指-102-03 | 《LNG 小型接收站设备指南》 |
| 4 | JGA 指-101-01 | 《高压气体设备耐震设计标准》 |
| 5 | JGA 指-101-12 | 《制造设备抗震设计指南》 |
| 6 | JGA 指-103-02 | 《燃气生产企业安全保障设备设计指南》 |
| 7 | JGA 指-104-89 | 《球形气罐指南》 |
| 8 | JGA 指-106-21 | 《LPG 储罐指南》 |
| 9 | JGA 指-109 | 《容器、配管等腐蚀及破损相关的检查、评价、维修指南》 |

## （三）日本燃气器具检验协会标准

日本实行燃气器具认证制度，燃气器具的认证有两种标准，一种是省令规定的技术基准，另一种是日本燃气器具检验协会（JIA）单独制定的检验标准，即 JIA 认证。为了确保公平性，JIA 标准由专家、学者、消费者团体、相关政府部门等组成的委员会负责审议。JIA 认证包括形式检查和过程检查两个步骤，形式检验是对产品的设计进行检验，过程检验是对产品是否按照设计要求进行生产进行检查。对于符合这两种检查的产品，会发放认证证书，并可以在产品上显示表明检验合格的 JIA 标识。相关产品只有在取得 JIA 认证后，才能公开售卖。

此外，产品获得 JIA 认证后，企业还需致力于维护产品的品质，保证产品的质量。为此，日本燃气器具检验协会检查员每年会对通过认证的产品进行一次以上的过程检查，通过检查后才能获得下一次认证标识。如果在检查过程中发现产品质量不符合要求，且企业未在接到通知的 3 个月之内进行改进，则会撤销该产品的 JIA 认证。

日本燃气器具检验协会制定的检查规程分为 9 大类，部分标准见表 3-7。

表 3-7　日本燃气器具检验协会制定的部分标准

| 序号 | 标准号 | 名称 |
|---|---|---|
| 1 | JIA A 007-22 | 《插装式燃气灶具合格性检验规程》 |
| 2 | JIA B 005-22 | 《半封闭燃烧式燃气即热式热水器合格性检验规程》 |
| 3 | JIA B 006-22 | 《半封闭燃烧式燃气热水器合格性检验规程》 |
| 4 | JIA B 007-22 | 《带半封闭气体燃烧器的浴缸的合格性检验规程》 |
| 5 | JIA B 008-20 | 《燃气浴缸燃烧器合格性检验规程》 |
| 6 | JIA C 001-22 | 《燃气烹饪器具检验规程》 |
| 7 | JIA C 002-22 | 《燃气热水器具检验规程》 |
| 8 | JIA C 003-23 | 《燃气烘干机检验规程》 |
| 9 | JIA C 005-22 | 《燃气热水热源设备检验规程》 |
| 10 | JIA E 001-15 | 《城市燃气气体报警器检验规程》 |
| 11 | JIA E 002-99 | 《城市燃气外部报警器检验规程》 |
| 12 | JIA E 003-08 | 《城市燃气自动切断装置检验规程》 |
| 13 | JIA E 004-00 | 《泄漏检测设备检验规程》 |
| 14 | JIA E 006-19 | 《智能燃气表检验规程》 |
| 15 | JIA F 002-21 | 《金属软管检验规范》 |
| 16 | JIA F 003-20 | 《快速接头检验规程》 |
| 17 | JIA F 004-01 | 《安全转换接头检验规程》 |
| 18 | JIA F 009-98 | 《燃气器具排气烟囱检验规程》 |

# 五、设施设备管理

## （一）设施管理

　　日本是个地震频发的国家，因此城市燃气行业不可避免地要考虑应对地震灾害的问题。下面以东京燃气公司为例，说明其燃气设施的特点。该公司在燃气的制造、输送等各流程的设施设备均采用了耐震性设计。

## 1. LNG 基地

LNG 基地中制造城市燃气的设备均符合日本燃气协会规定的标准，采用耐震性极强的材料和设计方法（图 3-19）。

图 3-19　东京燃气公司的 LNG 基地

为了让客户安心使用燃气，东京燃气公司持续开展燃气供给设备的防震技术开发和研究，使用三次元震动台对各种燃气设备的安全性进行实验并作出评价（图 3-20）。

图 3-20　东京燃气公司的三次元振动实验装置

## 2. LNG 罐

LNG 罐可承受较大震级的地震,设计结构具有高度安全性能(图 3-21)。阪神、淡路大地震及东日本大地震这种 7 级地震时也未出现过泄漏。

图 3-21　东京燃气公司的 LNG 罐的外观和内部

### 3. LNG 气化器

在铝制管道中注入 LNG，将海水浇在管道上提高温度使其气化（图 3-22）。

图 3-22　东京燃气公司的 LNG 气化器

### 4. 放散塔

根据地震的受害情况将管道内的气体安全地放散到空中。通常设在基地内或调压器站等设施中。

### 5. 调压站

对基地高压输出的燃气进行减压，送入中压管道中。

### 6. 高压、中压管道

高压、中压管道使用焊接接合钢管，既有足够强度，又具有很好的柔韧性，能够承受较大的地基变动。为了确保安全，公司全天候对高压管道进行巡检（图 3-23）。

图 3-23　东京燃气公司的高压燃气管道

### 7. 球形存储罐

球形存储罐采用最新技术和工艺制造，结实耐用（图 3-24）。球体部分为高张力钢，基础部分根据地质调查情况将桩打入支撑地基，能够承受较大震级的地震。为了减少晃动，还设置了油压减震器（图 3-25）。

图 3-24　东京燃气公司的
球形存储罐

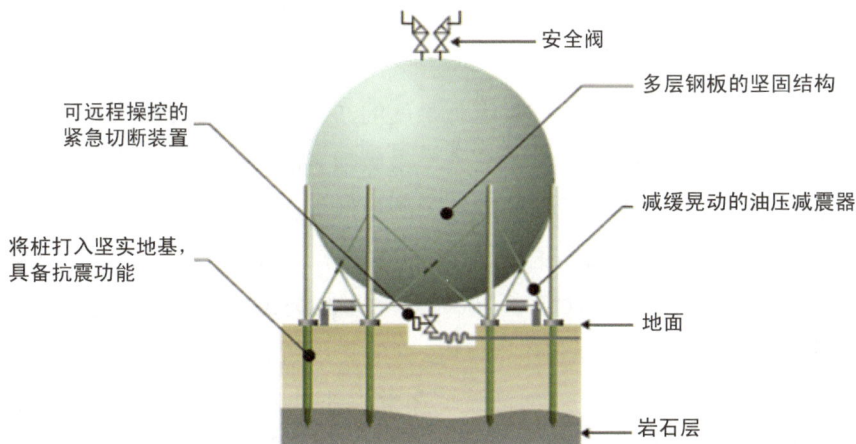

图 3-25　球形存储罐安全技术示意图

### 8. 地震感应器（SI 感应器）

设置在各区块调压器的地震仪，在感知到较大的地震时，迅速联动自动切断装置，停止燃气供应（图 3-26）。

### 9. 调压器

通过中压管道输送的燃气，通过压力调整器再次减压后输入低压管道。

### 10. 专用调压器

利用专用调压器将中压燃气调为低压燃气时，只要建筑物或设备没有受损，就能继续供应燃气。

### 11. 紧急切断阀

在超高层建筑、医院、地下街等的燃气管道中，为应对燃气泄漏等紧急情况，会设置紧急切断阀，在发生紧急情况时立刻切断燃气供应。

### 12. 智能燃气表

在感知到震级 5 级以上的地震，或者燃气流量异常等情况时即可切断燃气供应（图 3-27）。

图 3-26　东京燃气公司的地震仪

图 3-27　智能燃气表

### 13. 低压管道

在日本，低压管道占燃气管道总长度的 90%左右，新设低压管道都使用聚乙烯（PE）管，PE 管伸缩性好，不易破损，也不会被土中的水分腐蚀，具有很好的耐久性，能将地震的破坏降到最低程度。

1999 年日本全国 PE 管总长为 29 900 千米，到 2009 年已达到 74 400 千米。PE 管经受住了 2004 年和 2007 年新漓地震的考验，证实了其良好的抗震性能（图 3-28）。过去 10 年，PE 管的使用量大幅增加。PE 管同时具有强度和延展性（拉伸性），保证管道在受到外力挤压或拉伸时也不会发生气体泄漏现象（图 3-29）。截至 2018 年年底，包括 PE 管在内的低压管的抗震率为 89.5%，2025 年的目标为 90%。

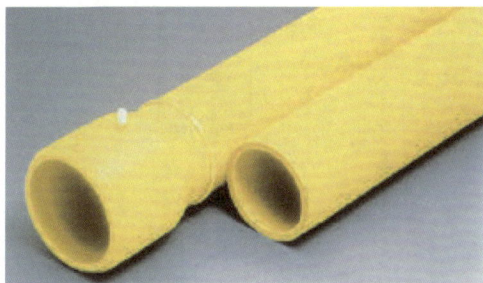

图 3-28　燃气管道用抗震耐腐蚀 PE 管

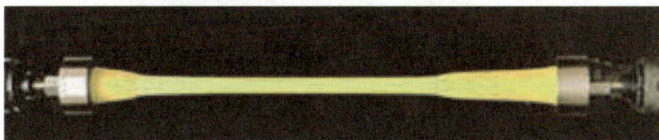

图 3-29　PE 管拉伸试验情况

## （二）设备管理

### 1. 燃气设备的安全性能

为保障用户安全使用燃气，日本积极推广普及燃气安全设备，如智能燃气表、燃气软管、安全燃气阀、燃气炉等，此外，还采用了及时停止供气系统，以应对地震等自然灾害（图 3-30）。

（1）智能燃气表

智能燃气表除了计量客户的用气量外，还 24 小时监控用气量，故又称"微电脑表"。智能燃气表具有相当于断路器的安全功能，当出现忘记关燃气器具等用气异常情况或发生 5 级以上地震等紧急情况时，燃气表就会检测到，并自动停止供气。

在以下几种情况下，分别通过内置的感知器、气体感知器、一氧化碳感知器、气体泄漏检查器、气体压力感知器、地震感知器等发现问题后，传入流量异常检知电路装置发出警示后实施切断。这是自动气体切断器的基本功能：

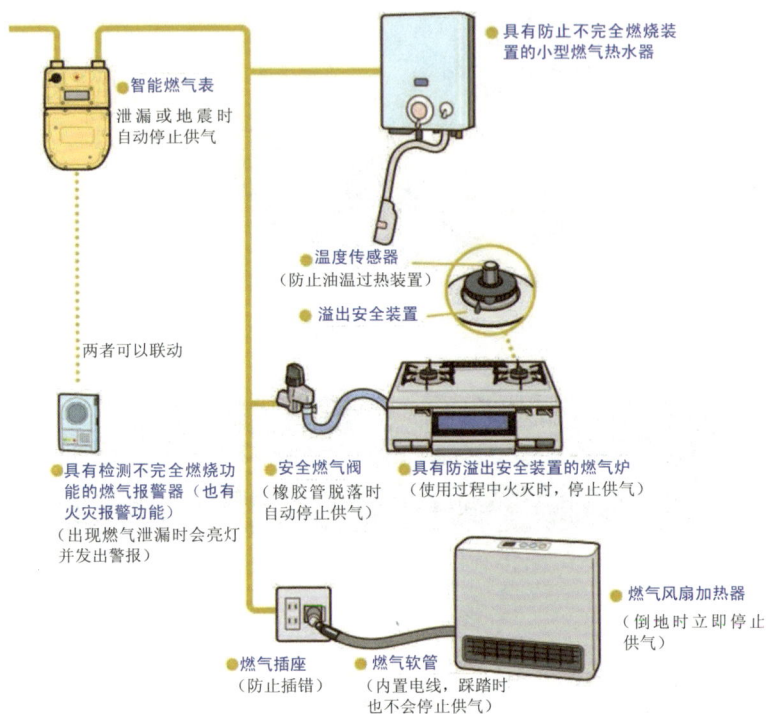

**智能燃气表**
泄漏或地震时
自动停止供气

**具有防止不完全燃烧装置的小型燃气热水器**

**温度传感器**
（防止油温过热装置）

**溢出安全装置**

两者可以联动

**具有检测不完全燃烧功能的燃气报警器（也有火灾报警功能）**
（出现燃气泄漏时会亮灯并发出警报）

**安全燃气阀**
（橡胶管脱落时自动停止供气）

**具有防溢出安全装置的燃气炉**
（使用过程中火灭时，停止供气）

**燃气插座**
（防止插错）

**燃气软管**
（内置电线，踩踏时也不会停止供气）

**燃气风扇加热器**
（倒地时立即停止供气）

图 3-30　家用燃气安全设备示意图

①当大量气体流量超过每个仪表规定的流量时；

②当一定量的气体持续长时间流动时（家用和部分商用机型）；

③当监测到地震强度大约为 5 级或更高的地震时；

④当流动燃气的压力低于一定值时（只有当有气体流动时）；

⑤警报或不完全燃烧警报启动时（仅联动时）；

⑥连续 30 天检测到气体流量时，会发出警报（如果流量小于燃气表可以检测的流量，则可能不会发出警报）。

（2）不完全燃烧保护装置

由于室内氧气浓度下降，或燃气器具换热器翅片堵塞等原因，造成氧气供应不足，从而使燃烧器产生不完全燃烧现象，导致一氧化碳中毒。采用不完全燃烧保护装置，可以在不完全燃烧现象发生以前切断燃气供应，从而有效预防此类事故的发生。该装置有多种类型，有的是利用温度传感器探测火焰变化，还有的是利用传感器直接监测一氧化碳的浓度。一氧化碳中毒是导致日本致命性燃气事故的主要原因，因此日本在防止不完全燃烧技术的开发及实施方面投入了很大的力量。目前超过98%的室内安装（室内进气与室内排放）型热水器都配有不完全燃烧保护装置。

（3）熄火保护装置及烹饪油防过热装置

熄火保护装置是一种能够在出现点火故障、火焰吹熄及火焰吹脱等现象时，自动切断燃气供应、避免燃气泄漏的安全装置。过去，许多与炊用炉有关的火灾都是由烹饪油过热燃烧引起的。炊用炉配备烹饪油防过热装置后，就能够监测锅底温度，当温度超过设定值（约250℃）时，炊用炉的燃气供应就会被切断，从而避免事故的发生。在日本，这已成为防止此类火灾的惯常做法。

（4）燃气报警器

根据《燃气事业法》的规定，餐馆、百货店、超市等区域必须安装燃气泄漏火灾警报设备，例如燃气报警器或燃气自动切断装置，推荐通过集中监控的方式进行监控。根据《液化石油气法》的规定，餐馆、百货店、超市、宾馆等公共场所，必须安装燃气报警器，推荐通过集中监控的方式进行监控。

燃气报警器能够快速探测出燃气泄漏，并在燃气浓度达到危险级别之前，向用户发出警报。燃气报警器可与智能燃气表联动，从而在探测到燃气泄漏后自动切断燃气供应。不完全燃烧报警器可以探测到燃气器具的燃烧器不完全燃烧所产生的一氧化碳，进而发出警报。燃气报警功能和不完全燃烧报警功能可被结合于同一报警器中，这种多功能报警器的安装越来越普遍。日本还研发了专门针对餐馆使用的"业务用厨房不完全燃烧报警感应器"，简称"业务用换气报警器"，当因不完全燃烧产生一氧化碳时，能够发出警报并进行换气，减少对人体的危害。

此外，根据《燃气事业法》的规定，燃气相关设备必须每4年进行一次定期安全检查，包括对燃气器具进行性能检查和泄漏检查，以及确认燃气报警器的有效期等，安全检查通常由燃气企业专业技术人员上门免费进行。

（5）防过流燃气开关

当突然有大量燃气流经防过流燃气开关时，就会使开关中的球状物升起，从而堵塞燃气通道。因此，当与防过流燃气开关相连的橡胶管发生松脱或断裂时，防过流燃气开关就会自动切断气流，从而提高了安全性。目前，所有新安装的燃气开关都是防过流燃气开关。

### 2. 燃气设备安全管理

在日本，大多数致命性事故都是用户设备造成的，因此日本燃气行业十分注重提高用户燃气器具的安全性。除配备燃气器具安全装置外，还大力加强用户燃气设施及燃气器具的管理，通过严格的制度来保证用户用气安全。

（1）事故数据收集、分析与应用

日本燃气协会一直在进行事故及灾害损失的信息收集与分析工作，并根据结果确定技术开发的方向、建立和完善安全标准、改进施工与维护方法，以及针对燃气设施和燃气器具的安装与检查建立各种自愿资格认证制度，如日本燃气协会室内管施工资格、指定燃气器具安装工程监理许可证、燃气器具安装资格和日本燃气协会用户燃气设备检查资格等，通过这些措施的综合利用提高安全水平。

（2）施工、安装与检查的实施

燃气企业负责用户燃气设备的施工与安装，并定期进行检查，在实际作业中严格执行上述各种资格制度。

在对燃气泄漏及地震等事故进行试验后，日本燃气协会制定了燃气安全设备的设计与安装技术标准，编写了标准安装手册与工人培训计划，实行日本燃气协会屋内管施工资格制度，以确保用户燃气器具的正确安装。

工人接受培训并通过知识与技能考试后，可获得日本燃气协会颁发的资格证书，屋内管安装队的负责人必须为持证人。该资格证书有效期为 3 年，持证者须接受最新技术、法律及事故方面的培训，才可延续其资格。若持证人未从事相关工作，资格证书将被收回。

按照安装的难易程度以及安装对象不同，屋内管施工资格证书可分为基本资格和附加资格两种。基本资格为一类、二类、三类屋内管施工资格和屋内管焊接经理资格；附加资格包括管螺纹技术资格、热支管技术资格和低压焊接管理资格 3 类。申请人须在培训的最后一天接受书面和实践考试，由日本燃气协会技术委员会实施，两项正确率都不低于 70%者才可获得证书，只通过一项者需重新参加考试。

（3）燃气器具的安装与调换

正确安装燃气器具可有效防止事故的发生。对于有烟道型洗浴热水器、有烟道型热水器以及配套烟气管等指定燃气器具的安装与调换，须由持国家许可证者完成。对于一般燃气器具，日本燃气用具检验协会制定了安装标准，还有由用户组织及相关行业专家组成的第三方机构，负责管理制定的燃气器具安装认证制度，日本燃气协会可以提出有关认证制度方面的建议，并参加该机构的委员会。通过这种制度来确保向用户提供安全、方便的燃气器具以及正确的安装，同时确保用户知晓正确的使用方法。

（4）定期检查制度

燃气企业定期检查用户烟道的安全性，检查室内管是否存在漏气现象，并告知用户如何安全使用燃气器具。

日本燃气协会负责用户燃气检查员资格的管理。该资格共分为 3 类，分别为屋内管及燃气器具检查员资格、燃气器具检查员资格和屋内管检查员资格。只有拥有足够从业经验、已接受培训并通过书面考试的人员才可获得该资格证书。该资格证书有效期为 3 年，持证者每 3 年须接受以历史事故和灾难为基础内容的培训，以延续其资格的有效性。对于旧燃气器具，生产厂家负有检查义务。

（5）长期使用产品安全检查制度

根据 2009 年 4 月 1 日施行的《消费生活用产品安全法》的规定，因常年使用老化等极易带来重大危害的产品被定义为"特定保守产品"，需要定期开展检查。燃气设备中，设置在屋内的燃气热水器及燃气洗浴器属于这一范畴，该制度的目的是减少因设备老化引发的事故。但在 2021 年 8 月 1 日的修正法中，燃气设备被排除在外，不再属于定期检查的对象。但一些燃气公司仍会有偿对相关产品进行检查，检查期限通常为开始使用后的 10 年左右。

### 3. 燃气管道维护管理

（1）燃气管道维护管理

燃气内管是指从用户的住宅分界线到燃气阀的管道，分为灯内内管和灯外内管。内管的所有权属于用户，但安全责任由燃气公司负责。内管的泄漏检查包括根据《燃气事业法》及相关法令规定定期实施的"定期泄漏检查"，需定期对灯外内管及灯内内管检查，以及在用户申请接入燃气时实施的"开阀泄漏检查"两部分，开阀确认检查需要确认灯内内管有无泄漏情况、燃气表是否正常，并进行点火试验。

实施内管泄漏检查的企业必须具备以下几个最基本条件：

①具有足够的担保能力以保全交易中产生的债权。另外，必须有连带保证人；

②具有足以继续实施相关业务的业务保障；

③确保一定数量以上具有规定资格的人员；

④拥有一定数量以上的内管泄漏检查业务所需的设备。

泄漏检查实施人员需要具备日本燃气协会颁发的内管检查员资格。东京燃气公司对于其服务范围内所有客户的燃气器具每 4 年会实施一次以上的检查，且不收取检查费用。

有配管图时，要在图纸上确认有无以下必要信息，掌握缺失的信息：配管的设置日期；配管的敷设路线、口径；配管的材质；接头的材质、接合方法；配管的位置、深度；供给设施的位置及阀门等附属设备的物质；其他管理所需的信息。

现场调查前需准备好现场调查所需的物品，如住宅图、管道定位器、压力器、燃气检测器等。在现场调查时需要掌握以下信息，并根据调查结果，完善埋设管管理台账及配管图。

①埋设管的类别（白管、PE 管等）及设置日期；

②使用接头的类别；

③配管是否做了防腐蚀处理（电气绝缘接头、电气防腐蚀措施）；

④配管是否做了防止下沉处理（可伸缩接头等）；

⑤埋设管地上部分的变化情况（有无重物、有无施工等）；

⑥是否有过腐蚀或破损造成的泄漏情况。

（2）燃气管道泄漏管理

燃气泄漏检测可使用自计压力计或燃气检测器进行，在关闭燃气阀后查看燃气流量情况，如图 3-31 所示。检测时要根据管线埋设图确认检测位

　　置，不能损坏管线，间隔 5 米进行检测，如图 3-32 所示。

　　发现管线泄漏后，要找出泄漏位置，确定泄漏原因，并根据不同的泄漏原因解决问题，见图 3-33。

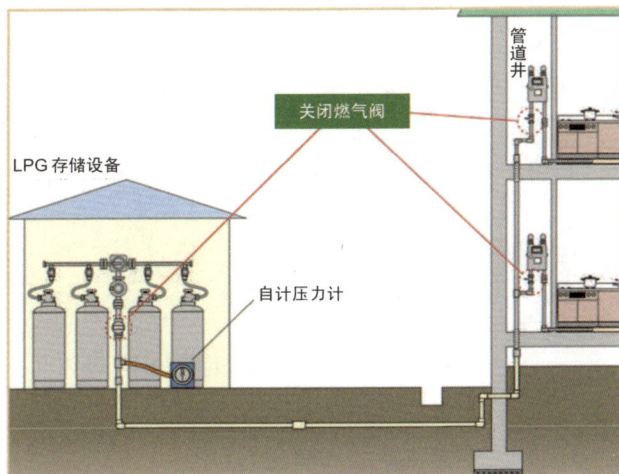

图 3-31　燃气管道压力检测示意图

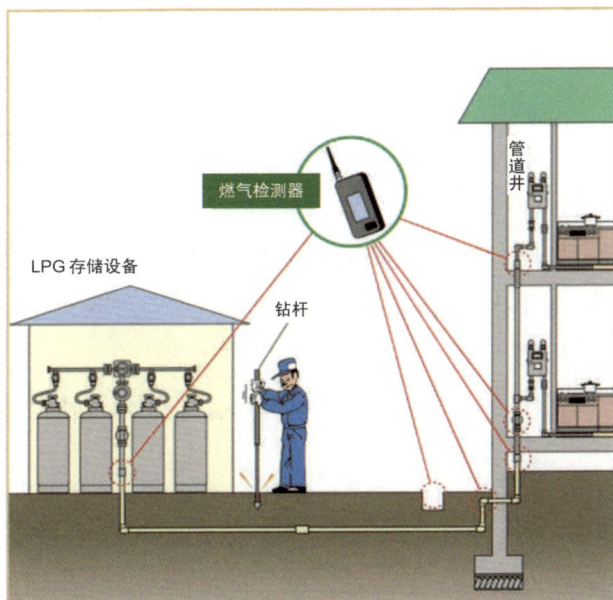

图 3-32　燃气检测器使用示意图

```
                        ┌─────────────────┐
                        │   燃气管泄漏时   │
                        └─────────────────┘
                                 │
                        ┌─────────────────────┐
                        │ 确定泄漏位置、确认安全 │
                        └─────────────────────┘
                                 │
                        ┌─────────────────┐
                        │   找出泄漏原因   │
                        └─────────────────┘
```

┌──────┬─────────┬────────┬────────┬──────────┬──────────┐
│ 腐蚀 │ 外力    │ 第三方 │ 施工破坏│ 接头松动 │ 消费者误操作│
│      │ 地面下沉│ 施工破坏│        │ 表皮材料老化│        │
│      │建筑物自身重量│    │        │ 设备老化 │        │
│      │ 路面压力│        │        │ 燃烧器老化│        │
└──────┴─────────┴────────┴────────┴──────────┴──────────┘

┌────────┬──────────┬──────────┬──────────┬──────────┬──────────┐
│防腐蚀对策│ 防破坏对策│ 防破坏对策│ 防破坏对策│ 修理、更换│ 宣传周知 │
└────────┴──────────┴──────────┴──────────┴──────────┴──────────┘

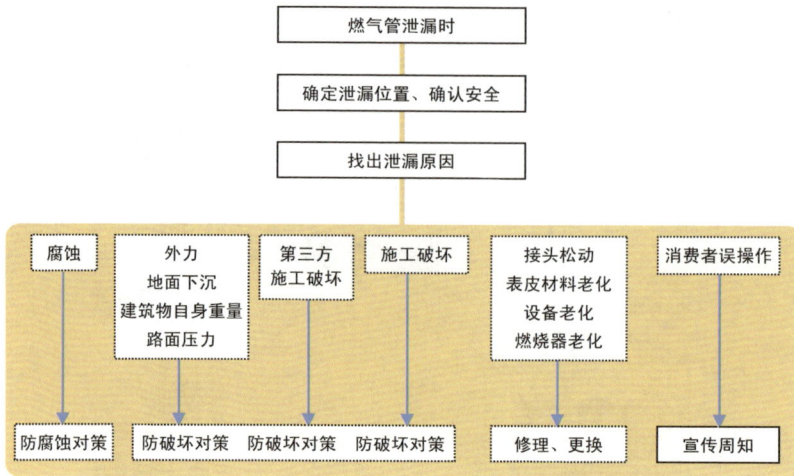

图 3-33　燃气泄漏处理流程示意图

（3）燃气管道防腐蚀管理

埋设在地面下的管线，在长时间接触水、土壤等情况下，很容易出现腐蚀（图 3-34）。

1）预防管道腐蚀的基本原则。

①完善管道的设备信息、埋设环境信息、故障信息等，考虑腐蚀泄漏发生的可能性、泄漏发生时的影响程度等，对对策进行优先排序。

②综合研究中长期对策的总费用和降低风险的程度，制订对策的实施时期、对策数量等计划。

③在推进对策时，选用适合管道及建筑物状况的有效且经济性高的施工方法。另外，由于内管是用户的资产，要尊重用户的意愿，根据其申请采取更换对策。

④定期掌握对策的进展状况，对计划的有效性进行评价和验证，根据需要进行修改。

2）制定防腐蚀对策时的原则。

为了使事故风险最小化，以腐蚀泄漏及发生事故的可能性，以及发生事故时的受害程度和社会影响为指标设定优先顺序，从优先顺序高的开始实施防腐蚀对策。表 3-8 为事故发生风险的指标情况。

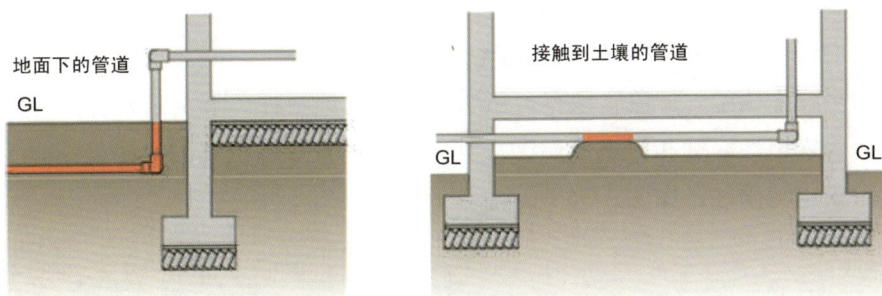

图 3-34　容易发生腐蚀的管道示意图

表 3-8　燃气管道发生事故时的优先处理指标

| 类别 | | | 优先处理指标 |
|---|---|---|---|
| 发生事故的概率 | 腐蚀泄漏的可能性 | 埋设年数 | 埋设年数越久，发生故障的概率越高 |
| | | 管道类型 | 黑燃气管、白燃气管等 |
| | | 故障情况 | 重点关注曾经出现过故障的管道 |
| | | 埋设环境 | 土壤电阻比、电位等信息 |
| | | 腐蚀检测结果 | 根据腐蚀深度、管道的厚度等进行分类 |
| | 泄漏后发生事故的可能性 | 建筑下埋设管线情况 | 泄漏气体是否易于滞留 |
| | | 建筑构造 | 泄漏气体是否易于滞留 |
| | | 供给气体中有无一氧化碳 | 优先处理供给气体中含有一氧化碳的区域 |
| 发生事故时的影响程度 | | 建筑类型 | 优先处理特定地下街及特定大规模建筑 |
| | | 建筑用途 | 优先处理医院、学校等公共属性高的建筑 |
| | | 燃气表个数 | 发生事故时受影响对象的数量 |

3）管道腐蚀检查及检测。

根据埋地管道管理台账，销售商应制订计划，重点检查和调查公共住宅、学校、医院、商业设施和不特定多数人聚集的设施。由于埋地管道的腐蚀情况难以通过肉眼来检查和调查，因此应优先考虑使用埋地管道腐蚀检测仪进行腐蚀诊断。

腐蚀是管道（金属）变成离子并溶解在土壤和水中受到侵蚀的现象。铁的腐蚀需要水和氧，而氧在空气中无处不在，因此实际容易发生腐蚀的地方多在土壤中。管道腐蚀有自然腐蚀和电腐蚀两种（图3-35），自然腐蚀又分为宏电池腐蚀和微电池腐蚀，其中导致严重气体泄漏的大多是混凝土/土壤宏电池腐蚀，如图3-36所示。

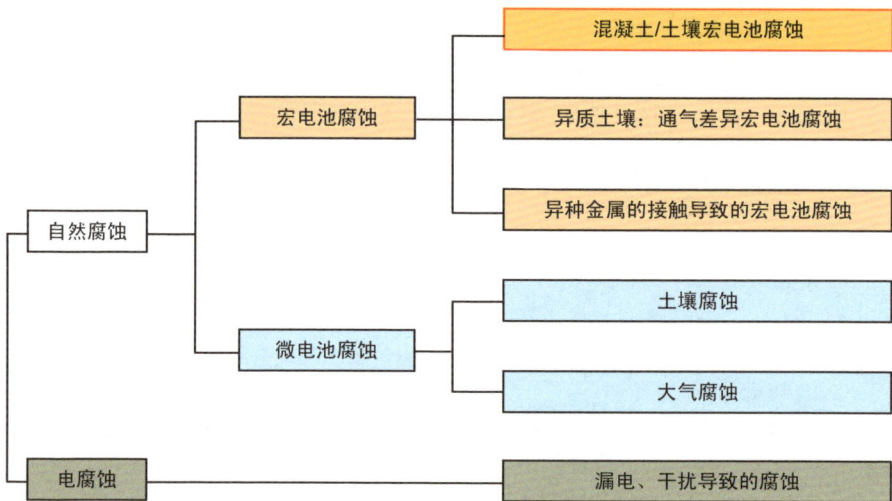

图 3-35　管道腐蚀的类别

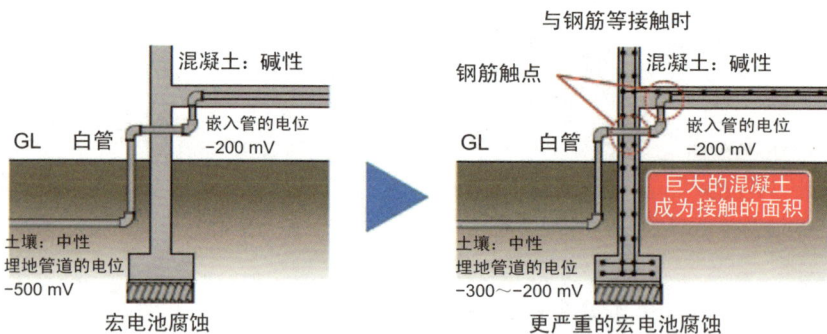

图 3-36　宏电池腐蚀示意图

混凝土/土壤宏电池腐蚀是一种直流电流，取决于土壤中金属的腐蚀程度。腐蚀电流的多少是由宏电池的电池电阻（通电变化值）决定的。埋地管道腐蚀检测仪实际上是通过向燃气管道施加直流电流以引起电化学反应来测量宏电池的电池电阻（通电变化值）。通电变化值越小，则通过电流越大，腐蚀越严重。如果通电变化值小于 10 欧姆，则很有可能发生了混凝土/土壤宏电池腐蚀，因此需要采取防腐措施。

4）防腐蚀措施。

①使用耐腐蚀性的管材。

具有耐腐蚀性，可埋设在地下的管道通常是 PE 管，金属管可以使用包覆塑料钢管和配管用柔性管。PE 管具有很好的耐腐蚀性和柔韧性及抗震性，不用担心被腐蚀或地基下沉等引起的破损。埋设包覆塑料钢管时，必须配备电绝缘接头。埋设配管用柔性管时，需要使用树脂软管，但无须使用电绝缘接头（图 3-37～图 3-42）。

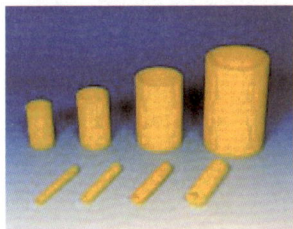

图 3-37　PE 管　　　图 3-38　包覆塑料钢管　　　图 3-39　包覆聚乙烯钢管

图 3-40　电绝缘接头　　　图 3-41　配管用柔性管　　　图 3-42　树脂软管

②使用绝缘接头。

对于腐蚀风险较高的管道，仅靠涂塑钢管和缠有防腐胶带的白管无法预防严重腐蚀。部分修复反而会加速腐蚀的进程，因此安装绝缘接头，以完全实现混凝土/土壤宏电池腐蚀的电绝缘非常重要。

拆下管道，用埋地管道腐蚀检测仪检测土壤、水等腐蚀一侧的管道，当通电变化值较小（小于 10 欧姆）时，说明仍有其他地方与钢筋有接触，因此要找到接触点，使通电变化值变大。安装绝缘接头后，用埋地管道腐蚀检测仪进行检测，确认通电变化值大于 10 欧姆，具体方式见图 3-43 和图 3-44。

与埋地管道相连的立管在户外时

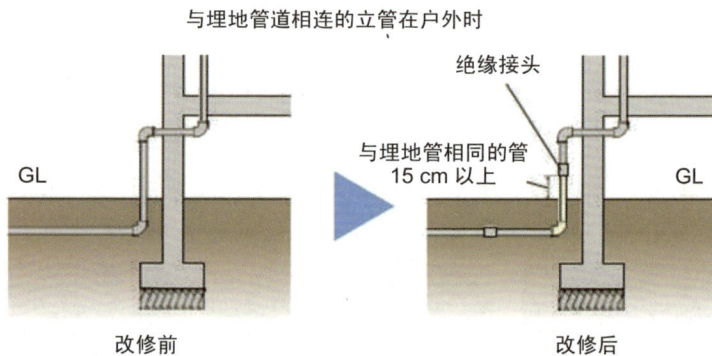

改修前

改修后

绝缘接头

与埋地管相同的管
15 cm 以上

GL

GL

注：如果埋设管连接着多个立管，则应在所有管道上安装绝缘接头。

图 3-43　绝缘接头安装位置示意图

受到水的影响时

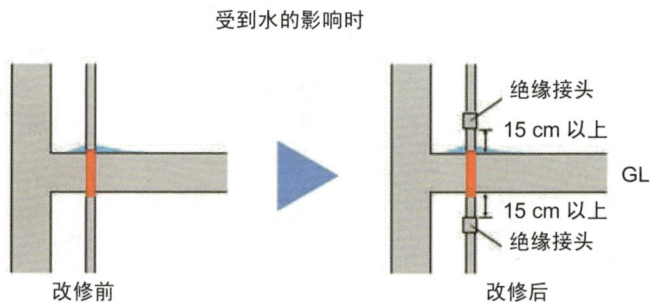

改修前

改修后

绝缘接头

15 cm 以上

GL

15 cm 以上

绝缘接头

注：在受水影响的地方，将绝缘接头安装在不会被周围的水润湿的地方，对腐蚀管道进行改修，使其通电变化值大于 10 欧姆。

图 3-44　增加绝缘接头示意图

③组合使用绝缘接头与电解防腐（Mg 阳极）。

对于壁厚减小或混凝土/土壤宏电池腐蚀严重的管道，最好同时使用绝缘接头和 Mg 阳极。使用绝缘接头对埋地管道进行绝缘，可以避免更严重的腐蚀，但无法恢复已被腐蚀的壁厚，Mg 阳极可以防止土壤的温和侵蚀，两者组合使用效果更佳，见图 3-45。

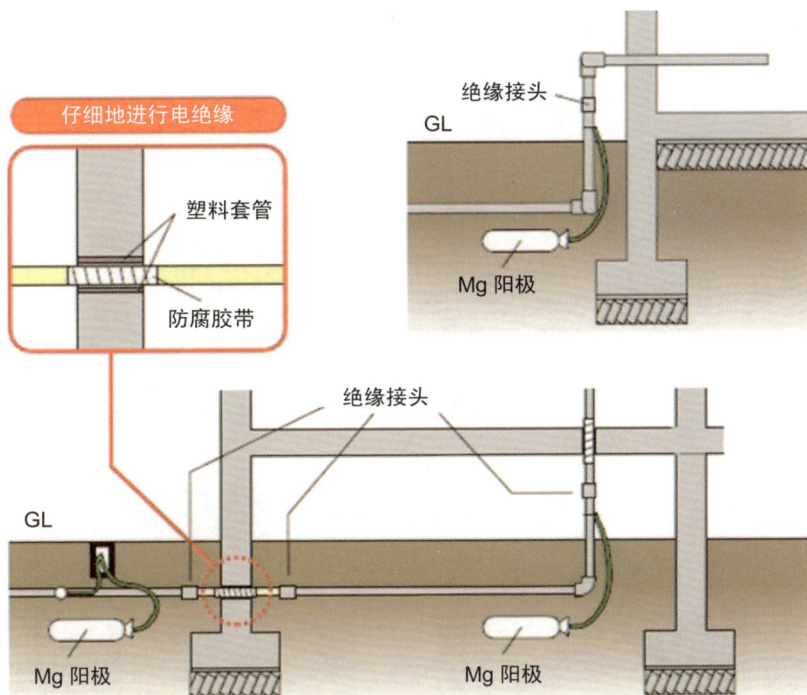

图 3-45　绝缘接头与 Mg 阳极组合使用示意图

④制定防腐蚀措施规划。

● 整理管道设备的信息、埋设环境信息、故障信息等，考虑腐蚀泄漏可能性和泄漏发生时的影响等，确定对策的优先顺序。

● 综合考虑中长期对策的总费用和风险降低程度，制订对策的实施时期、对策数量等的计划。

● 在推进对策时，对于管道和建筑物的状况，应采用适合且经济效益高的施工方法。

● 定期了解对策的推进状况，进行计划有效性的评估和验证，必要时进行修正。此外，建议建立并维持能够有效发挥该方针、计划制订、执行、有效评估和改善等进程的组织体系。

（4）管线破损检查及预防措施

地基下沉、车辆通行压力、道路结冰等情况极易引起管道破损，见图 3-46～图 3-48。

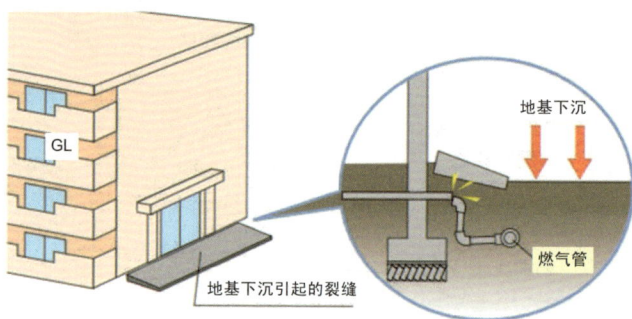

图 3-46　地基下沉对燃气管道的影响

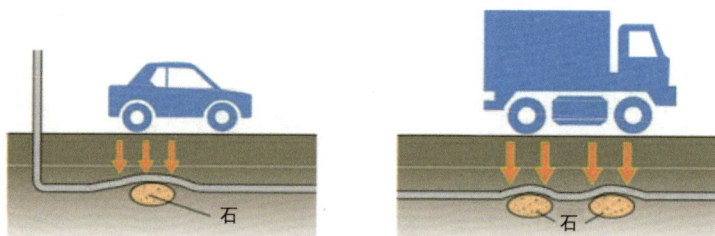

图 3-47　车辆通行压力对燃气管道的影响

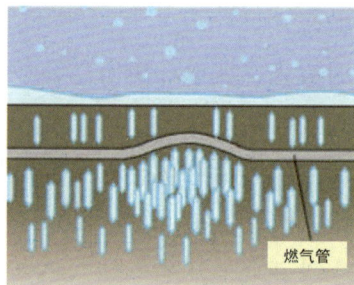

图 3-48　道路结冰对燃气管道的影响

在回填区域等因地面松软而预计会出现地面沉降的地方，应通过插入伸缩接头使管道具有伸缩性（图 3-49）。

在承受建筑物自重和土壤压力会产生应力的地方，例如管道（不包括 PE 管）的立管、支管螺纹连接处和地基贯穿处，应通过安装接头使管道更有弹性。接头处应使用非干燥密封胶（图 3-50）。

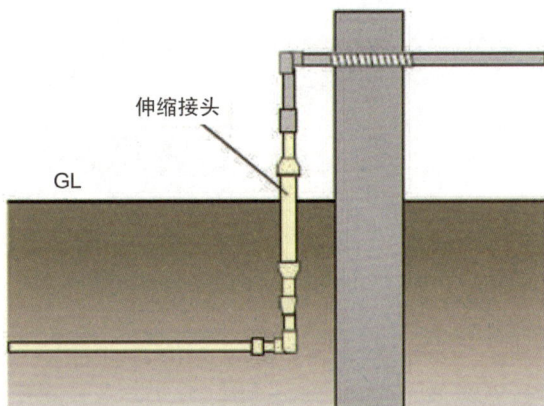

图 3-49　使用伸缩接头示意图

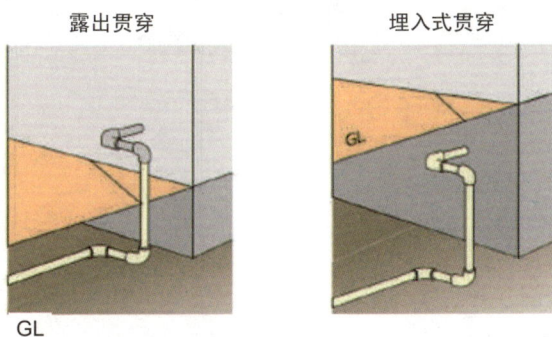

图 3-50　安装接头示意图

为避免埋设的管道因冻结而损坏，需根据具体情况决定埋设深度。如果立管可能因冻结产生的应力而发生损坏，则应在立管部分安装套管（图 3-51 和图 3-52）。

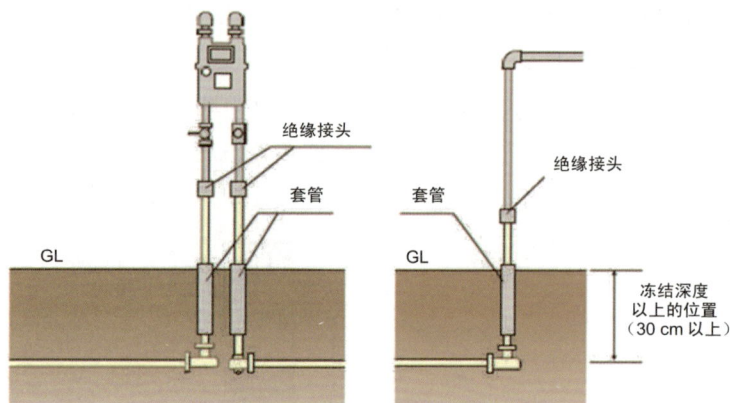

图 3-51　管道防冻示意图

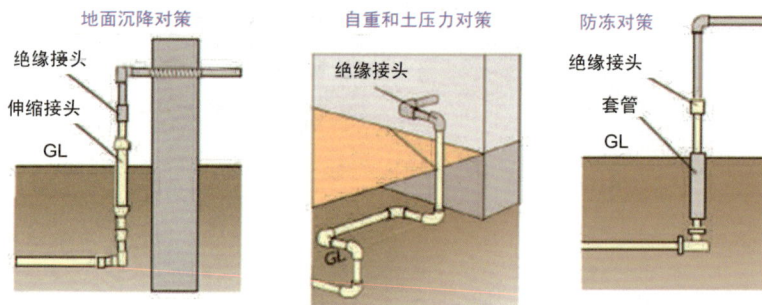

图 3-52　减少管道破损示意图

## （三）相关技术

### 1. 泄漏检查技术

埋设在道路上的主干管（HDPE 管除外），从埋设之日起每 4 年至少进行一次泄漏检查。发现泄漏时，必须迅速采取安全措施，并及时进行修理。

泄漏检查应通过以下方法进行。如果气体相对于空气密度大于 1，则只能使用钻孔法或保留压力法。

（1）钻孔法

在主干管的线路上进行钻孔，间隔约 5 米，深度约 50 厘米，将管道放入孔中，并在约 1 分钟后进行抽吸，通过气体检测器或气味检查是否有泄漏。如果道路的结构使其难以通过钻孔检查泄漏，而有沙井或类似的点位，则可以通过沙井或类似的点位来检查泄漏情况。

（2）使用氢火焰电离气体检测器或半导体气体检测器

通常在主干管的线路上使用氢气火焰电离气体检测器（FID）或半导体气体检测器，速度不超过每小时 4 千米，从地表操作到在约 2 厘米的高度以每分钟约 1 升的速度抽吸大气，检查是否有泄漏。如果在主干管附近有地面接头、沙井或其他区域，这些区域也被视为在主干管的线路上。

（3）保留压力法

对于管道系统物理分布较小的低压主管道，如相对较小的公寓区，当通过检漏检测到压力下降时，很容易找到泄漏点，进入检查段的气流被关闭，然后至少保持与压力测量装置类型和检查段容积相应的保持时间，以检查是否有渗漏。请注意，这种方法只有在可以关闭燃气供应的情况下才能使用。

在进行泄漏测试时，应考虑以下几点：

①每个探测器都应根据其特点来使用。

②如有必要，需获得道路许可证。

③注意不要妨碍交通，避免发生交通事故。

④根据管道埋设图，检查主干管的压力和埋设位置。

⑤在钻探时，注意不要损坏其他埋设管，并确保钻孔得到修复。

## 2. 防腐蚀技术

（1）翻修工法

翻修工法分为预防输配管道腐蚀泄漏的施工法和预防接头泄漏的施工法两种，用于对难以更换的输配管道进行防腐蚀处理，减少挖掘工程量，从而减少因施工给用户带来的麻烦。另外，与更换管道相比，更具有经济性。同时，还具有以下几点特性：

①施工性良好；

②对因车辆车轮载荷而在管体部或接头部产生的位移保持气密性；

③因腐蚀在管体上产生通孔后，对通过通孔作用的外压具有保形性；

④对气体中含有的成分及地下水中含有的环境成分具有耐久性。

（2）流电阳极法

流电阳极法分为在管的内面粘贴成形材料的翻转内衬修复工艺、在管的内面形成树脂膜的胶塞衬里工艺和气流衬里工艺 3 种施工方法。

翻转内衬修复工艺是利用成形材料的衬里施工法，也称反转法。方法是将薄而结实且气密性好的反转管通过反转压反转到管中，通过黏合剂粘贴到整个管内表面（图 3-53）。

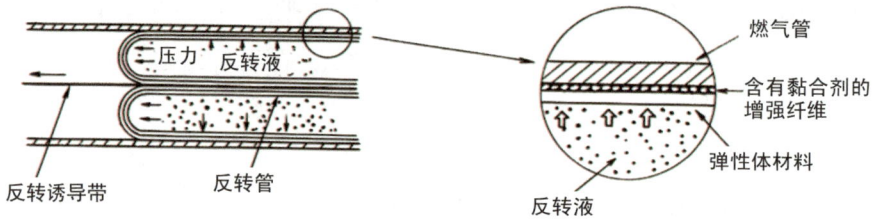

图 3-53　翻转内衬修复工艺示意图

胶塞衬里工艺也称树脂涂抹法，在管内压入衬里树脂后，通过用空气背压等推动胶塞，在管内壁形成均匀厚度的光滑树脂膜的工艺。燃气管口径不同，施工方法有所不同，见图 3-54 和图 3-55。

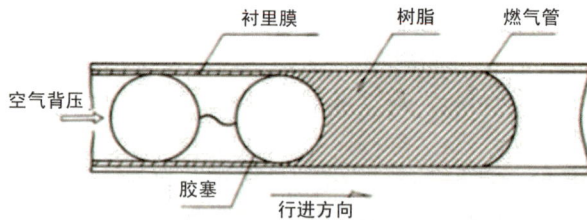

图 3-54　小口径施工方法

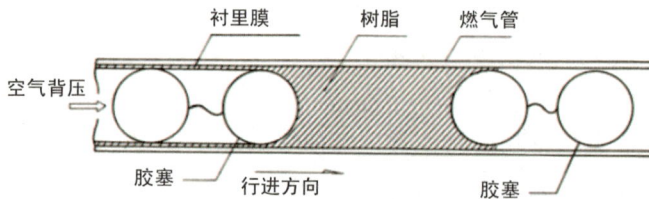

图 3-55　大口径施工方法

气流衬里工艺也称树脂喷涂法，其通过高速气流（空气）将连续供应的衬里树脂沿着管道内壁输送，形成整个管道内壁连续、密封的树脂膜。该方法可以同时为主管和分支管进行内衬修复，即使在管道系统中存在口径变化时也可施工（图 3-56）。

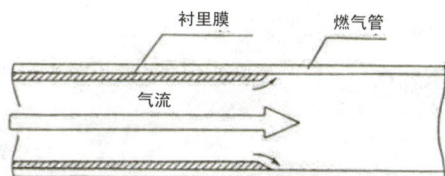

图 3-56　气流衬里工艺示意图

（3）柔性管法

柔性管是指由不锈钢波纹管外覆 PVC 层制成的燃气管，其防腐与抗震性能极佳，且可以长距离敷设而无须任何接头。因此采用柔性管能有效防止燃气泄漏，加之安装便捷，大多数燃气企业都采用此管。

### 3. 燃气管道远程监控系统

天然气管道设施是重要的生命线，为确保天然气运输的稳定和安全，远程监控系统可对通过管道输送到城市燃气公司和工厂的天然气流量和压力进行 24 小时 365 天的实时集中监控。日本每个燃气供应站都安装了远程装置，并建立了远程控制系统，以便在紧急情况时能够及时关闭燃气。

工作人员通过巡视管道进行安全检查、泄漏和防腐检查以及各种设施的维护检查，提供详细的支持，以进一步确保天然气的安全输送（图 3-57）。

图 3-57　燃气管道巡逻检查

输送天然气的管道设施需要监测和操作的站场设施包括：带有紧急关闭阀门的阀门站，可在紧急情况下关闭管道；带有加热和减压设施的减压站；带有天然气计量设施的供应站。在大型管道的远程监控系统中，远程终端设备（RTU）的数量可能超过 100 个（图 3-58）。

图 3-58    长冈输气监测中心

# 六、亮点

## （一）健全的法律法规制度和标准体系

日本燃气相关的法律、法规、制度和标准体系比较健全，法律以《燃气基本法》为基础，一系列法律、政令、省令、告示等，构建了比较完善的法律法规体系，让燃气安全管理有法可依且具备可操作性。在标准方面除了日本工业标准，还有日本燃气协会标准和日本燃气检验协会标准等，燃气器具的安装、检查等都有完善的标准规范。故意破坏燃气设施会受到法律严惩。

## （二）安全可靠的设备设施

日本的燃气器具一般都具有自动熄火、防止油温过热、胶管脱落自动断气、泄漏报警等安全保护装置，即使用户误操作也不会发生事故，减少了安全事故的发生。采用预防为主的安全隐患排查策略，从控制用户端安全隐患产生的源头出发，防患于未然。

日本实行燃气器具认证制度，日本燃气器具检验协会制定认证标准，开展严格认证，确保产品质量。

## （三）全面的专业素质教育

日本非常重视燃气从业人员的素质教育，相关人员均需参加各类培训，学习施工安装要领和安全注意事项、新设备新工艺、管线检查和故障分析修理技术、突发事故应急处理技能等。还要通过资格考试取得专业证书，才能开展相关工作。

## （四）完善的自然灾害预警和应急体系

对于地震、台风等自然灾害，日本燃气行业有着比较完善的预警机制和应急处置体系，无论是提前预防还是发生紧急情况时的应急处置或灾后恢复，都有一套比较成熟的系统。

## （五）绿色低碳的发展规划

日本注重燃气行业的绿色低碳发展，制定了《碳中和发展规划2050》，提出了实现碳中和的过渡期措施，即提高天然气转化率和利用率，引进和扩充热电联产系统和燃料电池，更多地使用可再生能源。

# 第四部分

# 美国燃气管线
# 安全管理

美国国土面积 937 万平方千米，2022 年总人口约 3.36 亿。2022 年美国天然气消耗量约为 9 149 亿立方米，其中发电消耗占 38%，工业消耗占 32%，商业消耗占 11%，交通消耗占 4%，居民家庭消耗占 15%，大约 60% 的美国家庭使用天然气。2022 年，美国燃气长输管道 48.41 万千米，输配管道 373.60 万千米，集气管道 18.02 万千米，总里程合计 440.03 万千米。

# 一、发展历史

## （一）美国燃气管线发展历史

美国天然气管网是一个输配一体化的系统。自 1925 年起，美国天然气管道逐步发展。1931 年，美国天然气公司建成得克萨斯州潘汉德—芝加哥的长输管道，其长度超过 1 600 千米，是美国天然气工业发展道路上的一个里程碑。

特别是在第二次世界大战以后，美国管道建设蓬勃发展。第二次世界大战后，美国政府将第二次世界大战期间建成的两条油品管道——"大英寸"和"小英寸"油品管道拍卖，并改为天然气长输管道。

20 世纪 40 年代中期至 70 年代是美国管网建设发展最快的时期，管道长度的年平均增长率达到了 3.5%。到 1966 年，美国全国 48 个州全部通气，逐步形成了相互连接的天然气管网。

自 20 世纪 70 年代开始，美国天然气管网建设进入平稳发展期。具体表现为 1970—2016 年，管道长度的年平均增长率为 0.5%，其中 20 世纪 70年代的年平均增长率为 0.56%，80 年代为 0.92%，90 年代为 0.24%；21 世纪前 10 年为 0.18%，2010—2016 年为 0.34%（图 4-1）。

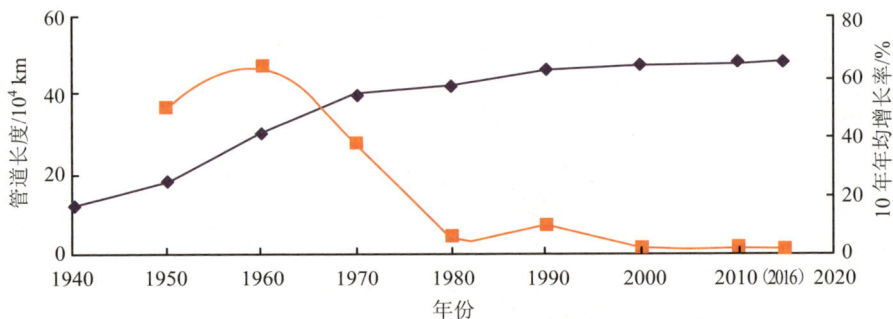

图 4-1　1940—2016 年美国天然气管道长度及 10 年年均增长速度

总体来看，1938—1973 年是美国天然气产业快速发展的 35 年，大规模的管道建设成为保障天然气产业发展的基础；20 世纪 80 年代之后，美国的天然气管网建设以产区至长输管道的联络线和州际、州内的联络线建设为主。

美国天然气管道建设特点如下：

①管道设计：美国天然气管道并不是按照高峰用气量来设计的，而是按照日均用气量来设计的，高峰期基本不超负荷运行，主要靠丰富的储气库调峰。

②管道运行：按管道设计压力的 75%运行，但如需提高运行压力，需在得到联邦管制委员会批准后，方可实行。

③压力级制：总体上，管网设计的压力级制基本与项目盈利水平相关，同时也考虑了不同管网之间压力的匹配。目前，州际管网压力约为 10 兆帕，最大许可运行压力为 12 兆帕。

美国天然气行业有 100 多年的历史，1985 年前大部分管道隶属于上下游一体化的油气生产商或者垄断天然气销售、输送捆绑式服务的管道公司。

1985 年，美国政府颁布联邦管制委员会第 436 号令，要求管网公司公平、无歧视地提供公开准入的运输服务，自愿分拆天然气销售与管道运输业务。

1987 年，美国政府颁布联邦管制委员会第 500 号令，解决管道运输企业与生产商照付不议合同的遗留问题，允许管道公司将转型期成本的 75%分摊给生产商、分销商与大客户，要求生产商以输气量抵扣原照付不议的合同量，剩余损失由各利益相关方分摊。

1992 年，美国政府颁布联邦管制委员会第 636 号令，强制管道公司将其运营业务剥离，成立独立子公司，终止运销捆绑合同，转换为独立的销售和输气合同。该法令的实施也造成了一定的问题：受价格管制影响，管道公司无法获得足够的收入去覆盖历史成本，从而无法进行管道运输能力的更新和扩建。但不可否认的是，该法令实施后，美国的管网公司发生了巨大变化，管输业务的独立性和中立性得到真正的确立，业务分拆的落实促进了竞争机制在管道市场的引入。

### （二）美国燃气管线总里程变化

自 1970 年以来，美国地下管线设施的管理部门美国管线与危险材料安全管理局一直在收集有关该国地下管线基础设施的数据。该局每年出具地下管线基础设施的数据报告。

美国燃气管网是一个高度综合的网络，将燃气输送到整个美国大陆（图 4-2 和图 4-3）。

图 4-2　美国燃气管道

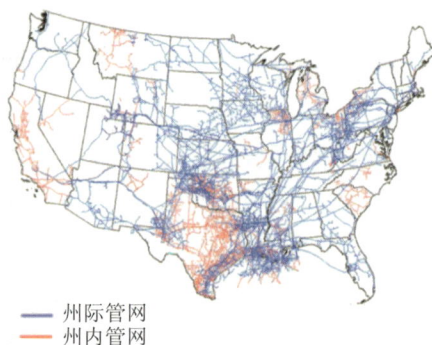

州际管网
州内管网

图 4-3　美国州际和州内燃气管网示意图

2022 年，美国燃气长输管道 48.41 万千米，输配管道 373.60 万千米，集气管道 18.02 万千米，总里程合计 440.03 万千米（表 4-1 和图 4-4）。

表 4-1　2010—2022 年美国燃气管道里程变化情况

单位：万 km

| 年份 | 2010 | 2011 | 2012 | 2013 | 2014 | 2015 | 2016 | 2017 | 2018 | 2019 | 2020 | 2021 | 2022 |
|---|---|---|---|---|---|---|---|---|---|---|---|---|---|
| 长输管道 | 49.05 | 49.09 | 48.82 | 48.74 | 48.57 | 48.47 | 48.34 | 48.4 | 48.54 | 48.66 | 48.55 | 48.53 | 48.41 |
| 输配管道 | 338.36 | 341.39 | 344.12 | 345.98 | 349.13 | 352.49 | 355.91 | 358.27 | 360.37 | 364.44 | 367.68 | 370.30 | 373.60 |
| 集气管道 | 3.16 | 3.10 | 2.66 | 2.80 | 2.82 | 2.86 | 2.88 | 2.91 | 2.88 | 2.86 | 2.82 | 2.76 | 18.02 |
| 总计 | 390.57 | 393.58 | 395.6 | 397.52 | 400.52 | 403.82 | 407.13 | 409.58 | 411.79 | 415.96 | 419.05 | 421.59 | 440.03 |

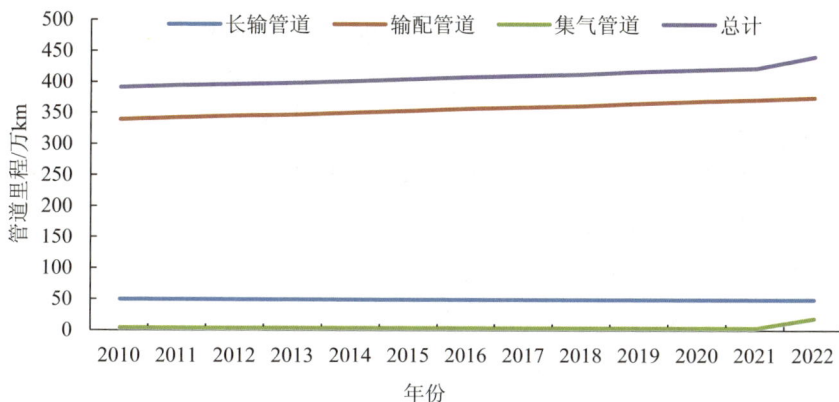

图 4-4　2010—2022 年美国燃气管道里程变化情况

## （三）纽约市燃气消耗量演变

1823 年成立的纽约煤气灯公司是纽约市第一家燃气公司，为曼哈顿的街道和各类建筑提供煤气照明。随着各类建筑和家庭对煤气需求的不断增加，燃气产业也在不断发展以满足不断变化的需求。20 世纪初，纽约市燃气行业引入了天然气。

2007 年，作为可持续性和长期增长综合议程的一部分，纽约市 PlaNYC 规划承诺到 2017 年将市政温室气体排放量减少 30%，到 2030 年将全市温室气体排放量减少 30%。

2011 年 4 月，纽约市通过了逐步淘汰高污染的 6 号和 4 号燃料油的条例，同时启动了《纽约市清洁供暖计划》，该计划力争尽快将各类建筑所消耗的能源过渡为最清洁的燃料（超低硫 2 号油、生物柴油、天然气）。

两家大型天然气本地分销公司为纽约市提供服务，即纽约美国爱迪生联合电气公司（Con Edison）和英国国家电网公司（National Grid）。2009 年，它们向客户输送约 4 620 亿立方英尺（BCF）的天然气。2011 年，纽约市消耗的能源，天然气约占 57%，主要是各类建筑消耗天然气进行供暖或制冷，或发电厂消耗天然气进行发电。

根据《2014—2015 年纽约市能源和水消耗报告》，天然气使用范围的扩大和能源效率的提高帮助纽约市在 2010—2015 年碳排放量减少了 14%，能源使用量减少了 10%。受访调查结果显示，自 2010 年开始的 6 年内，城市建筑物（包括多户住宅、办公楼、市政设施）的天然气使用量增加了两倍，帮助建筑物业主减少了 92% 的重燃料能源使用量。从重质燃油转向天然气等清洁燃料减少了碳排放，改善了城市的空气质量。2008—2015 年，烟尘水平下降了 18%，冬季二氧化硫水平下降了 84%。该报告指出，由于需要新设备，过渡到天然气最初成本更高，但从长远来看，由于天然气价格较低，对消费者来说更具成本效益。

根据《纽约市能源和水消耗报告 2020（10 年数据）》，自 2010 年以来，纽约市建筑在能源消耗方面发生了巨大变化。2010 年纽约市建筑燃料油消耗约占能源消耗的 25%，其中大部分是最重的 5 号和 6 号燃油，燃烧时会排放烟尘、二氧化硫和二氧化碳。2017 年，燃料油的总体使用量下降至 10% 以下，重油几乎从大型建筑中消失。《纽约市清洁供暖计划》（NYC Clean Heat Program）是这一变化背后的推动力量。该计划要求纽约市所有建筑在 2015 年之前改用更清洁的燃料。各建筑转变情况非常好，根据 2019 年报告，使用重油的物业只剩下不到 100 家。2016 年以来各建筑的天然气消耗量达到了 2010 年的两倍以上（图 4-5）。

根据《纽约市能源和水消耗报告 2020（10 年数据）》，天然气是纽约市多户住宅消耗的主要能源，占其能源消耗的 50% 以上。电力、区域供暖、天然气、馏分燃料油（2 号）和残渣燃料油（4 号、5 号和 6 号）构成纽约市家庭、办公楼等场所 98% 的能源消耗。家庭、办公楼的能源消耗比例不同。一半以上的能源用于供暖和提供热水，其余能源用于照明、制冷和其他电器消耗等。大部分热量来自燃烧石油或天然气。2019 年，中型、大型多户住宅天然气的消耗分别占能源总消耗的 62%、60%，燃料油的消耗量占比分别为 14%、8%，详见图 4-6。

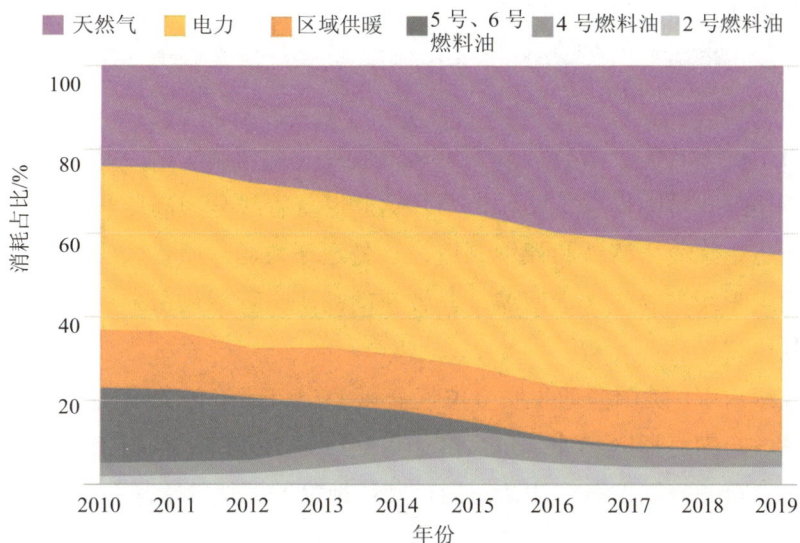

图 4-5　2010—2019 年纽约市大型建筑能源消耗占比变化

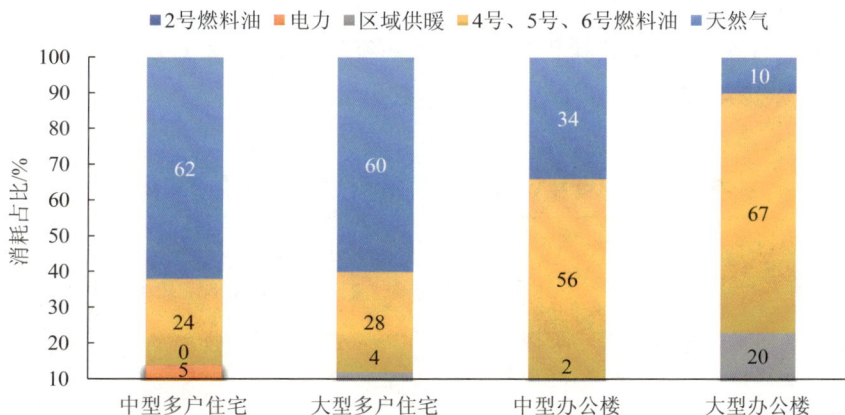

图 4-6　2019 年纽约市多户住宅与办公楼能源消耗占比

纽约州环境保护局（NYSDEC）负责液化天然气加气设施的选址、建设和运营。纽约市天然气管网由 4 条私营的供气管线组成。这 4 条管线将天然气从墨西哥湾沿岸、加拿大西部和其他生产地区输送到"城市节点"，城市节点通过高压将天然气输送至市内其他节点。该套系统被称为纽约市天然气高压设施。纽约市发电厂所使用的天然气通常直接从纽约天然气高压设施中获取。

为了供应其他大多数客户，天然气通过一系列调压站，并在一个庞大的地下输配管网中输送。在城市中，这些燃气管线分为高压和低压两种类型。低压主管线由铸铁和裸钢制造，这是逐渐被运营商替代的落后基础设施，此类管线主要位于老旧城区。较新的高压主管线通常采用镀锌钢和聚乙烯制造。

在纽约市，美国爱迪生联合电气公司（Con Edison）拥有并运营纽约市曼哈顿、布朗克斯区和北部皇后区的天然气输配系统。英国国家电网公司（National Grid）则拥有和运营纽约市其他地区的天然气输配系统。

纽约市的天然气需求通常在冬季达到峰值，此时可能超过 4 条管线供应的总量。在冬季，纽约市公用事业公司会要求发电厂和其他大型天然气用户改为液体燃料进行生产。

2010 年，纽约市天然气消耗量约为 133 亿立方米，其中 81 亿立方米由美国爱迪生联合电气公司提供，52 亿立方米由英国国家电网公司提供。2005 年、2010 年天然气用户数量详见表 4-2。

表 4-2　2005 年、2010 年美国天然气用户类型与数量　　　　单位：户

| 公司 | 用户类型 | 2005 | 2010 |
|---|---|---|---|
| 美国爱迪生联合电气公司 | 居民 | 934 272 | 939 586 |
| | 商业用户 | 120 593 | 122 432 |
| | 工业用户 | 56 | 46 |
| | 小计 | 1 054 921 | 1 062 064 |
| 英国国家电网公司 | 居民 | 1 120 046 | 1 158 412 |
| | 商业用户 | 44 997 | 41 634 |
| | 工业用户 | 827 | 3 622 |
| | 小计 | 1 165 870 | 1 203 668 |
| 合计 | | 2 220 791 | 2 265 732 |

## 二、建设与管理

### （一）建设情况

　　美国燃气管道分为长输管道、输配管道和集气管道。长输管道分为陆上长输管道和海上长输管道，输配管道分为主管道和用户管道，集气管道分为 A 类、B 类、C 类和海上管道。2010—2022 年美国燃气管道里程变化情况详见表 4-3～表 4-5 和图 4-7～图 4-9。

表 4-3　2010—2022 年美国燃气长输管道里程变化情况

单位：万 km

| 年份 | 州内 | | | 州际 | | | 陆上 | 海上 | 总计 |
|---|---|---|---|---|---|---|---|---|---|
| | 陆上 | 海上 | 小计 | 陆上 | 海上 | 小计 | | | |
| 2010 | 30.83 | 0.86 | 31.69 | 17.35 | 0.02 | 17.37 | 48.18 | 0.88 | 49.06 |
| 2011 | 30.89 | 0.84 | 31.73 | 17.35 | 0.02 | 17.37 | 48.24 | 0.86 | 49.10 |
| 2012 | 30.98 | 0.74 | 31.72 | 17.08 | 0.02 | 17.10 | 48.06 | 0.76 | 48.82 |
| 2013 | 31.02 | 0.70 | 31.72 | 17.00 | 0.02 | 17.02 | 48.02 | 0.72 | 48.74 |
| 2014 | 30.85 | 0.62 | 31.47 | 17.09 | 0.01 | 17.10 | 47.94 | 0.63 | 48.57 |
| 2015 | 30.74 | 0.61 | 31.35 | 17.11 | 0.01 | 17.12 | 47.85 | 0.62 | 48.47 |
| 2016 | 30.77 | 0.52 | 31.29 | 17.04 | 0.01 | 17.05 | 47.81 | 0.53 | 48.34 |
| 2017 | 30.91 | 0.50 | 31.41 | 16.98 | 0.01 | 16.99 | 47.89 | 0.51 | 48.40 |
| 2018 | 31.08 | 0.49 | 31.57 | 16.96 | 0.01 | 16.97 | 48.04 | 0.50 | 48.54 |
| 2019 | 31.04 | 0.52 | 31.56 | 17.07 | 0.03 | 17.10 | 48.11 | 0.55 | 48.66 |
| 2020 | 31.01 | 0.44 | 31.45 | 17.08 | 0.02 | 17.10 | 48.09 | 0.46 | 48.55 |
| 2021 | 30.98 | 0.43 | 31.41 | 17.09 | 0.02 | 17.11 | 48.07 | 0.45 | 48.52 |
| 2022 | 30.99 | 0.43 | 31.42 | 16.97 | 0.02 | 16.99 | 47.96 | 0.45 | 48.41 |

图 4-7    2010—2022 年美国燃气长输管道里程变化情况

**表 4-4    2010—2022 年美国燃气输配管道里程变化情况**

单位：万 km

| 年份 | 主管道 | 用户管道 | 总计 |
|------|--------|----------|------|
| 2010 | 197.94 | 140.42 | 338.36 |
| 2011 | 199.44 | 141.95 | 341.39 |
| 2012 | 200.81 | 143.30 | 344.11 |
| 2013 | 202.05 | 143.93 | 345.98 |
| 2014 | 203.82 | 145.31 | 349.13 |
| 2015 | 205.28 | 147.21 | 352.49 |
| 2016 | 206.93 | 148.99 | 355.92 |
| 2017 | 208.77 | 149.50 | 358.27 |
| 2018 | 210.54 | 149.83 | 360.37 |
| 2019 | 212.35 | 152.09 | 364.44 |
| 2020 | 214.02 | 153.66 | 367.68 |
| 2021 | 215.86 | 154.45 | 370.31 |
| 2022 | 218.27 | 155.33 | 373.60 |

图 4-8　2010—2022 年美国燃气输配管道里程变化情况

表 4-5　2010—2022 年美国燃气集气管道里程变化情况

单位：万 km

| 年份 | 州内 | | | | | 州际 | | | | | A 类 | B 类 | C 类 | 海上 | 总计 |
|---|---|---|---|---|---|---|---|---|---|---|---|---|---|---|---|
| | A 类 | B 类 | C 类 | 海上 | 小计 | A 类 | B 类 | C 类 | 海上 | 小计 | | | | | |
| 2010 | 0.11 | 0.05 | 0.00 | 0.89 | 1.05 | 1.11 | 0.82 | 0.00 | 0.19 | 2.12 | 1.22 | 0.87 | 0.00 | 1.08 | 3.17 |
| 2011 | 0.05 | 0.05 | 0.00 | 0.83 | 0.93 | 1.20 | 0.78 | 0.00 | 0.19 | 2.17 | 1.25 | 0.83 | 0.00 | 1.02 | 3.10 |
| 2012 | 0.03 | 0.01 | 0.00 | 0.79 | 0.83 | 1.09 | 0.57 | 0.00 | 0.17 | 1.83 | 1.12 | 0.58 | 0.00 | 0.96 | 2.66 |
| 2013 | 0.04 | 0.02 | 0.00 | 0.83 | 0.89 | 1.19 | 0.57 | 0.00 | 0.15 | 1.91 | 1.23 | 0.59 | 0.00 | 0.98 | 2.80 |
| 2014 | 0.03 | 0.01 | 0.00 | 0.82 | 0.86 | 1.23 | 0.57 | 0.00 | 0.16 | 1.96 | 1.26 | 0.58 | 0.00 | 0.98 | 2.82 |
| 2015 | 0.03 | 0.01 | 0.00 | 0.85 | 0.89 | 1.31 | 0.52 | 0.00 | 0.14 | 1.97 | 1.34 | 0.53 | 0.00 | 0.99 | 2.86 |
| 2016 | 0.03 | 0.01 | 0.00 | 0.91 | 0.95 | 1.30 | 0.51 | 0.00 | 0.11 | 1.92 | 1.33 | 0.52 | 0.00 | 1.02 | 2.87 |
| 2017 | 0.03 | 0.01 | 0.00 | 0.90 | 0.94 | 1.36 | 0.51 | 0.00 | 0.11 | 1.98 | 1.39 | 0.52 | 0.00 | 1.01 | 2.92 |
| 2018 | 0.02 | 0.01 | 0.00 | 0.90 | 0.93 | 1.34 | 0.52 | 0.00 | 0.10 | 1.96 | 1.36 | 0.53 | 0.00 | 1.00 | 2.89 |
| 2019 | 0.02 | 0.01 | 0.00 | 0.84 | 0.87 | 1.37 | 0.52 | 0.00 | 0.10 | 1.99 | 1.39 | 0.53 | 0.00 | 0.94 | 2.86 |
| 2020 | 0.02 | 0.01 | 0.00 | 0.87 | 0.90 | 1.33 | 0.50 | 0.00 | 0.09 | 1.92 | 1.35 | 0.51 | 0.00 | 0.96 | 2.82 |
| 2021 | 0.02 | 0.01 | 0.00 | 0.84 | 0.87 | 1.31 | 0.49 | 0.00 | 0.09 | 1.89 | 1.33 | 0.50 | 0.00 | 0.93 | 2.76 |
| 2022 | 0.01 | 0.01 | 0.32 | 0.80 | 1.14 | 1.3 | 0.74 | 14.74 | 0.08 | 16.86 | 1.31 | 0.75 | 15.06 | 0.88 | 18.00 |

图 4-9　2010—2022 年美国燃气长输管道、集气管道里程变化情况

## （二）管理情况

### 1. 管理机构

（1）美国管理机构

美国燃气管线管理体制基本架构可以分为政府和公司两个管理范围，如图 4-10 所示。

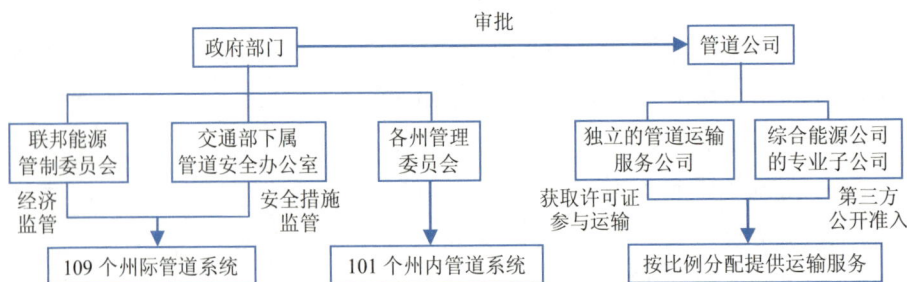

图 4-10　美国燃气管线管理体制架构

一是由政府相关部门负责燃气管线的规划与政策制定。美国油气管线的管理机构主要有联邦能源管制委员会、美国交通部管线与危险材料安全

管理局管线安全办公室、国土安全部联邦运输安全管理局、国家运输安全委员会等。

联邦能源管制委员会作为独立监管的政府部门，实施规则性监管。该委员会对石油燃气管网建设、运营、准入、安全、环保、运输价格和服务等诸方面实行全面的政府审批和相对独立的监管，规定管输费上限。管线公司可以根据市场的需求，调节管输费。目前，美国共有 109 个州际燃气管线系统，联邦能源管制委员会负责经济监管，交通部管线安全办公室负责安全监管；共有 101 个州内燃气管线系统，各州管理委员会负责管理。

美国交通部管线与危险材料安全管理局（PHMSA）拥有 3 个法律授权的咨询委员会。《美国法典》第 49 篇第 60115 节要求建立技术管线安全标准委员会（TPSSC）和技术危险液体管线安全标准委员会（THLPSSC），并规定了委员会职责。这两个委员会非正式地被称为燃气管线咨询委员会（GPAC）和液体管线咨询委员会（LPAC）。当一起提及时，两者被称为管线咨询委员会（PAC）。管线咨询委员会负责审查美国交通部管线与危险材料安全管理局提出的监管举措，确保每个提案的技术可行性、合理性、成本效益和实用性，并评估提案的成本效益分析和风险信息。联邦咨询委员会负责管理管线咨询委员会的活动，并每两年审查一次管线咨询委员会章程。

二是管线公司层面的管理体制。美国多数管线公司是独立的管线运输服务公司，归私人所有，管线公司需要获得许可才可以参与燃气的运输。管线建设项目必须提交建设申请，由联邦能源管制委员会或州政府进行审批。

（2）美国协会组织

美国管道安全制度体系的另一个特点，就是有技术领先的标准规范作为政府管理的强大支撑和执法依据。美国机械工程师协会、国际管道研究协会、腐蚀工程师学会、美国国家管道安全代表协会、地下管线设施联盟等，是颁布或推荐相关技术标准规范、具有重要影响力的组织机构。

### 2. 燃气事故数据

（1）燃气管线事故

美国燃气事故数据按照严重事故、重大事故两种级别进行统计。严重事故是指需要住院治疗，总损失 5 万美元以下的伤亡事故；重大事故是指需要住院治疗，总损失 5 万美元及以上的伤亡事故。2010—2021 年，美国燃气输配管线严重事故率为 0.06～0.09 次/（万千米·年），重大事故率为 0.16～0.24 次/（万千米·年）；美国燃气长输管线严重事故率为 0.02～0.12 次/（万千米·年），重大事故率为 1.16～1.71 次/（万千米·年），详见表 4-6、表 4-7、图 4-11。

表 4-6　2010—2021 年美国燃气输配管线严重事故、重大事故数据

| 年份 | 2010 | 2011 | 2012 | 2013 | 2014 | 2015 | 2016 | 2017 | 2018 | 2019 | 2020 | 2021 |
|---|---|---|---|---|---|---|---|---|---|---|---|---|
| 严重事故次数/次 | 25 | 29 | 23 | 19 | 24 | 22 | 31 | 19 | 33 | 22 | 21 | 21 |
| 重大事故次数/次 | 55 | 56 | 52 | 60 | 60 | 66 | 74 | 63 | 74 | 88 | 64 | 60 |
| 管线长度/万 km | 338.3 | 341.3 | 344.1 | 345.9 | 349.1 | 352.5 | 355.9 | 358.2 | 360.3 | 364.2 | 367.6 | 370.2 |
| 严重事故率/[次/（万 km·a）] | 0.07 | 0.08 | 0.07 | 0.05 | 0.07 | 0.06 | 0.09 | 0.05 | 0.09 | 0.06 | 0.06 | 0.06 |
| 重大事故率/[次/（万 km·a）] | 0.16 | 0.16 | 0.15 | 0.17 | 0.17 | 0.19 | 0.21 | 0.18 | 0.21 | 0.24 | 0.17 | 0.16 |

表 4-7　2010—2021 年美国燃气长输管线严重事故、重大事故数据

| 年份 | 2010 | 2011 | 2012 | 2013 | 2014 | 2015 | 2016 | 2017 | 2018 | 2019 | 2020 | 2021 |
|---|---|---|---|---|---|---|---|---|---|---|---|---|
| 严重事故次数/次 | 6 | 1 | 3 | 1 | 2 | 3 | 4 | 3 | 2 | 2 | 3 | 4 |
| 重大事故次数/次 | 79 | 84 | 62 | 72 | 77 | 79 | 56 | 65 | 60 | 70 | 75 | 55 |
| 管线长度/万 km | 49.0 | 49.0 | 48.8 | 48.7 | 48.6 | 48.4 | 48.3 | 48.4 | 48.6 | 48.6 | 48.5 | 48.5 |
| 严重事故率/[次/（万 km·a）] | 0.12 | 0.02 | 0.06 | 0.02 | 0.04 | 0.06 | 0.08 | 0.06 | 0.04 | 0.04 | 0.06 | 0.08 |
| 重大事故率/[次/（万 km·a）] | 1.61 | 1.71 | 1.27 | 1.48 | 1.58 | 1.63 | 1.16 | 1.34 | 1.23 | 1.44 | 1.55 | 1.13 |

图 4-11　2010—2021 年美国燃气管线事故率变化情况

2010—2021 年，美国燃气输配管线发生重大事故的主要原因为挖掘破坏、其他外力损坏、错误操作、管道或焊缝材料失效等，燃气长输管线发生重大事故的主要原因为管线腐蚀、设备故障、管道或焊缝材料失效、挖掘破坏等，详见表 4-8、表 4-9。

（2）居民燃气泄漏情况

据美国国家消防协会（NFPA）估计，美国每年平均有 4 200 起房屋建筑火灾是天然气引起的，这些火灾平均每年造成 40 人死亡。美国国家消防协会出版物以及国家运输安全委员会（NTSB）报告显示，大多数重大气体事故与燃气泄漏有关。国家火灾事故报告系统（NFIRS）是火灾和其他事故的详细信息来源，该系统数据表明，54%的天然气火灾涉及烹饪设备，25%涉及包括热水器在内的供暖设备。

据美国消防部门报告，2012—2016 年，当地消防部门平均每年应对 12.5 万起未起火的居民天然气或液化石油气泄漏事件。自 2007 年以来，此类事件总体呈上升趋势（表 4-10）。

表4-8 2010—2021年美国燃气输配管线重大事故原因统计

单位：次

| 事故原因 | 年份 | | | | | | | | | | | | 小计 |
|---|---|---|---|---|---|---|---|---|---|---|---|---|---|
| | 2010 | 2011 | 2012 | 2013 | 2014 | 2015 | 2016 | 2017 | 2018 | 2019 | 2020 | 2021 | |
| 管线腐蚀 | 3 | 2 | 3 | 0 | 2 | — | 1 | 0 | 4 | 1 | 1 | 3 | 20 |
| 设备故障 | 2 | 4 | 3 | 3 | 2 | 1 | 3 | 4 | 1 | 1 | 3 | 1 | 28 |
| 挖掘破坏 | 13 | 19 | 12 | 22 | 20 | 23 | 23 | 17 | 29 | 32 | 24 | 29 | 263 |
| 错误操作 | 9 | 7 | 5 | 3 | 5 | 3 | 7 | 8 | 8 | 9 | 9 | 5 | 78 |
| 管道或焊缝材料失效 | 4 | 4 | 2 | 6 | 4 | 4 | 8 | 9 | 10 | 8 | 6 | 2 | 67 |
| 自然力破坏 | 4 | 3 | 5 | 3 | 4 | 10 | 5 | 3 | 5 | 5 | 5 | 2 | 54 |
| 其他外力破坏 | 12 | 12 | 16 | 18 | 18 | 18 | 22 | 20 | 12 | 28 | 11 | 14 | 201 |
| 其他原因 | 8 | 5 | 6 | 5 | 5 | 7 | 5 | 2 | 5 | 4 | 4 | 5 | 61 |

表 4-9　2010—2021 年美国燃气长输管线重大事故原因统计

单位：次

| 事故原因 | 2010 | 2011 | 2012 | 2013 | 2014 | 2015 | 2016 | 2017 | 2018 | 2019 | 2020 | 2021 | 小计 |
|---|---|---|---|---|---|---|---|---|---|---|---|---|---|
| 管线腐蚀 | 25 | 19 | 22 | 17 | 16 | 19 | 14 | 16 | 8 | 12 | 23 | 9 | 200 |
| 设备故障 | 12 | 14 | 13 | 16 | 16 | 16 | 13 | 19 | 13 | 22 | 20 | 18 | 192 |
| 挖掘破坏 | 10 | 9 | 6 | 14 | 10 | 12 | 11 | 5 | 9 | 7 | 5 | 7 | 105 |
| 错误操作 | 3 | 6 | 2 | 3 | 6 | 1 | 2 | 12 | 2 | 3 | 6 | 6 | 52 |
| 管道或焊缝材料失效 | 14 | 14 | 9 | 12 | 16 | 13 | 8 | 8 | 11 | 14 | 8 | 6 | 133 |
| 自然力破坏 | 3 | 13 | 3 | 4 | 8 | 7 | 3 | 2 | 11 | 8 | 3 | 5 | 70 |
| 其他外力破坏 | 5 | 6 | 5 | 5 | 4 | 6 | 3 | 2 | 4 | 2 | 8 | 2 | 52 |
| 其他原因 | 7 | 3 | 2 | 1 | 1 | 5 | 2 | 1 | 2 | 2 | 2 | 2 | 30 |

表 4-10　2007—2016 年美国居民天然气或液化石油气泄漏事件数量

单位：起

| 年份 | 数量 | 年份 | 数量 |
|------|------|------|------|
| 2007 | 100 000 | 2012 | 105 500 |
| 2008 | 103 500 | 2013 | 109 000 |
| 2009 | 105 500 | 2014 | 125 500 |
| 2010 | 111 000 | 2015 | 143 500 |
| 2011 | 106 000 | 2016 | 141 000 |
|  |  | 2012—2016（平均数） | 124 900 |

### 3. 纽约市管理情况

纽约市能源系统由私营公司和公共机构组成，受到复杂的联邦和州监管制度的约束。在这个监管体系中，不同的责任实体负责设定可靠性目标和标准，提供监管并监督执行绩效标准，总体目标是确保安全、可靠且经济实惠地输送电力、天然气和蒸汽。对天然气公司系统设计和运营方面的监管侧重于安全。

（1）安全检查与风险上报

纽约市公用事业公司每 3 年对住宅区进行一次燃气管道检查，每年对商业区进行一次燃气管道检查。纽约市建筑局检查建筑物与天然气有关的开发和投诉，2016 年 8 月至 2017 年 6 月，共检查了约 19 000 栋建筑。纽约市建筑局和天然气公司之间的合作对实施安全措施和质量控制至关重要。

根据纽约市 2016 年第 154 号地方法律的要求，在建筑物的燃气服务关闭后的 24 小时内，以及在燃气服务未恢复的 24 小时内，燃气公用事业公司和该建筑物的业主均应向纽约市建筑局上报。市建筑局和燃气设施公司应定期沟通，以便明确政策和程序，加强程序协调，明确通告或信息要求、报告频率，建立质量控制。

按照纽约市 2016 年第 155 号地方法律，燃气设施风险分级自 2017 年

12 月起实施。高风险的分类基于两个标准：一是燃气设施公司的通告。当燃气设施公司认定建筑物为高风险时应采取行动降低风险，并立即通告市建筑局。二是使用文本分析对燃气设施公司检查记录进行分类。如果检查记录包含"非法、软管旁路连接、弯曲、软管、损坏、断开、仪表故障"这些词中任何一词，则该建筑物被认定为高风险。

2016 年 8 月到 2017 年 6 月，纽约市建筑局收到美国爱迪生联合电气公司和英国国家电网公司上报的约 12 000 份天然气事件，其中约 10%是高风险类型（图 4-12）。

图 4-12　2016 年 8 月至 2017 年 6 月风险上报数量分布

①高风险类别。根据访问记录分析结果，"非法管道""软管旁路连接"数量最多，占高风险事件的 92%。详见图 4-13。

②各行政区高风险事件占比。曼哈顿、布鲁克林区和皇后区上报的高风险事件数量相差不大，占比为 17%～28%；斯塔滕岛上报的高风险事件数量最少，占比为 4.90%（图 4-14）。

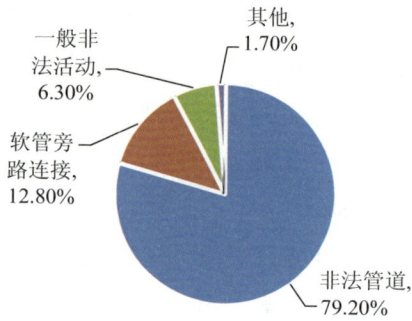

图 4-13　纽约市燃气高风险
事件类别占比

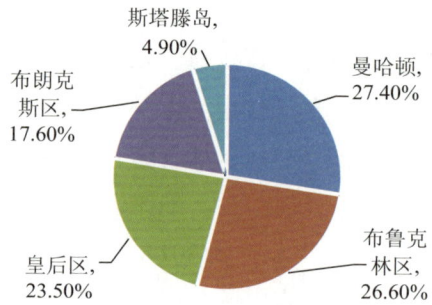

图 4-14　纽约市各行政区燃气
高风险事件占比

③社区委员会每千人高风险事件占比。曼哈顿下城的高风险事件密度最高（图 4-15）。

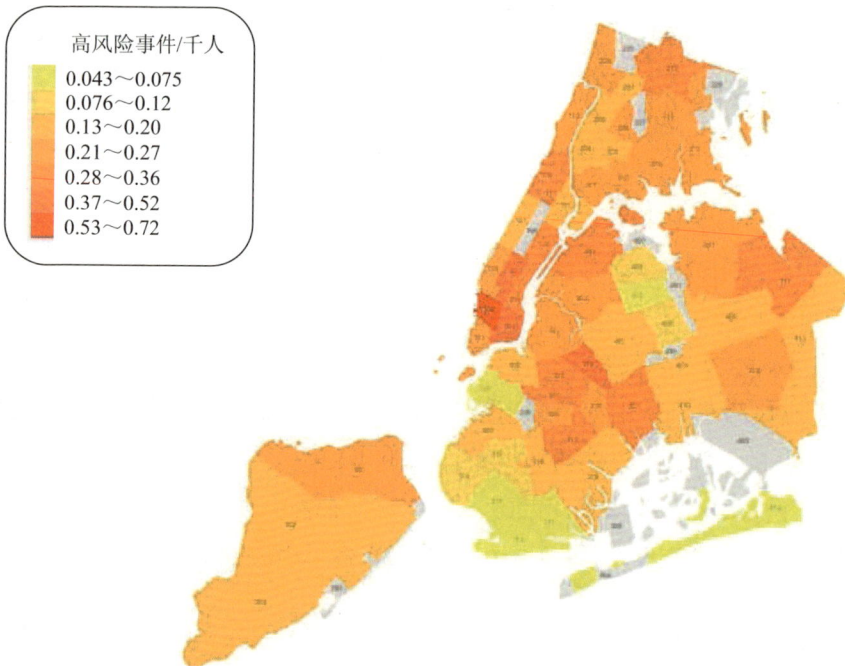

图 4-15　各社区高风险事件每千人密度分布

　　根据公用事业公司推荐和访问记录分析，纽约市建筑局检查了 1 562 起被确定为高风险的建筑物投诉，对其中的 24.8%发出了环境控制委员会（ECB）违规通知和停工令。

　　（2）纽约市能源规划

　　纽约市的能源管理主要集中在能源供应、清洁能源发电、需求响应和负荷管理、节能操作和维护、能效改造项目、能源培训和创新 6 个方面。

　　纽约市城市行政服务部（DCAS）能源管理处（DEM）是城市建筑能源管理的枢纽。城市行政服务部在支持机构合作伙伴实现城市主要减排和能源目标方面发挥着关键作用。这些目标包括：

　　①80×50 目标，到 2050 年，市政府和私营部门的碳排放量减少纽约市总排放量的 80%（以 2006 财年为基准）。

　　②40×25 目标和 50×30 目标，到 2025 年将市政府运营的碳排放量减少 40%，到 2030 年减少 50%，朝着 80×50 目标迈进（以 2006 财年为基准）。

　　③100 兆瓦×25 目标，到 2025 年，在城市建筑上安装 100 兆瓦的太阳能光伏系统。

　　④100 兆瓦时×20 目标，到 2020 年，在私人和公共设施中安装 100 兆瓦时的储能系统。

　　⑤第 26 号行政命令，承诺纽约市遵守《巴黎气候协定》的原则，到 2025 年将城市建筑的能源使用量减少 20%（以 2016 财年为基准）。

　　2015 年纽约市公共和私人建筑的碳排放量占全市碳总排放量的 67%，这意味着减少建筑物的碳排放对于达到 80×50 目标至关重要。

　　纽约市政府与天然气管道运营商合作，扩大天然气供应规划，拓展供应方式。纽约市政府将继续支持天然气管道运营商正在进行的项目，增加城市节点容量，将纽约市与新的天然气管道连接。市政府将继续支持为威廉姆斯洛克韦岛横向管线发放联邦能源管理委员会（FERC）许可证，该线路将服务于国家电网的天然气网络，现在正在寻求监管机构的批准。

　　纽约市政府与纽约市公用事业公司和监管机构合作，加强市内天然气长输和输配系统安全管理。即使外部供应充足，纽约的天然气系统在市内输送天然气的能力也有限。如果一个城市门站在高需求日关闭，"纽约天然气高压设施"可能无法从其他渠道供应该城市门站服务的区域，这可能导致重大停电事故。纽约市将通过市长长期规划和可持续发展办公室（OLTPS）与管道公司、美国爱迪生联合电气公司和国家电网合作，评估这一风险，并制订加强市内输电系统的计划。

## 三、政策法规

### （一）国家法规

美国在管道安全管理方面有着完备的制度体系，尤其是在联邦法律体系及标准规范建设方面，有许多值得借鉴的地方。

美国的法律体系不是集中统一的，而是由联邦法律和各州法律组成。虽然就法律效力而言，联邦法律高于州法律，但前者并不能随意推翻或改变州法律，而只能在联邦宪法授权的范围内规范各州的法律事务。

按照美国的联邦管理体制，州际管道由美国交通部管理，而各州内部管道由各州自行立法设立管理机构进行管理，各州每年应向交通部提供一份证明，证明其管道管理符合联邦的要求。如果符合要求，则交通部可以不要求该州执行联邦的规章要求。如果没有收到该州的管道管理证明，交通部还可以每年与州管道管理机构达成协议，委托州管理机构对州内部管道实施必要的检查（也可以包括州际管道），州管理机构将发现的潜在或可能的违法情况报告给交通部。联邦可以从财政预算中部分返还州管道管理计划实施成本，原来返还的最高比例为 50%，新通过的立法将这一比例增长到 80%。

美国交通部管线与危险材料安全管理局（PHMSA）将标准开发组织（SDO）开发和发布的 80 多个标准和规范的全部或部分纳入联邦法规49CFR第 192、第 193 和第 195 部分。通常，标准开发组织每 3～5 年更新和修订其发布的标准，以反映现代技术和最佳技术实践。美国地下管线部分法律法规见表 4-11。

表 4-11　美国地下管线部分法律法规

| 序号 | 颁布年份 | 法案名称 |
|---|---|---|
| 1 | 1968 | 《天然气管道安全法案》 |
| 2 | 1979 | 《管道安全法案（1979）》 |
| 3 | 1992 | 《管道安全法案（1992）》 |
| 4 | 1992 | 《管道安全再授权法案（1988）》 |
| 5 | 1996 | 《可计算的管道安全与合作关系法案（1996）》 |
| 6 | 2002 | 《管道安全改进法案（2002）》 |
| 7 | 2006 | 《管道检验、保护、强制执行和安全法案（2006）》 |
| 8 | 2012 | 《管道安全、监管确定性和创造就业法案（2011）》 |

### 1.《天然气管道安全法案》

1968 年颁布的《天然气管道安全法案》是美国与管道安全有关的第一部立法，随着管道系统的不断发展以及公众对管道系统安全的日益关注，该法已被重新授权和修改了十几次，并被编入《美国联邦法规》。

### 2.《管道安全法案（1992）》

该法案是美国关于管道输送危险品的基本法律，列入《美国联邦法规》第 49 章交通运输篇中。

### 3.《管道安全改进法案（2002）》

2002 年 12 月，美国政府颁布《管道安全改进法案》。该法案是较为重要的修正完善型法案，是 1999 年美国柏林翰姆镇汽油管道破裂燃烧事故后制定颁布的。该法赋予美国交通部管道安全的检查权和处罚权。同时，该法案试图通过建立跨部门委员会来理顺、协调管道紧急抢修过程有关各方（如交通部、国土安全部、国家环境保护局、土地管理局、联邦能源管制委员会等）之间的相互关系，确保管道在抢修和检查过程中采取一致行动。

### 4.《管道检验、保护、强制执行和安全法案（2006）》

该法案于 2006 年 12 月公布，是较为重要的修正完善型法案。该法案首次授权美国交通部处理防止挖掘施工损坏管道的问题，将防止第三方挖掘损坏管道程序提升到联邦一级水平。该法案授权美国交通部各州的管道安全机构提供资金，作为各州加强管道管理的激励措施，对各州的研究资助由原来最高额度的 50%提高到 80%。该法案规定，管道在挖掘过程中被损坏时，挖掘者必须向管道公司报告。如果发生泄漏事故，挖掘者必须拨打 911。还授权为国家"811"一呼通系统提供财政资金支持，并要求更多州开通该号码呼叫服务。

## （二）纽约市法规

纽约市除颁布地方法外，还出台了《纽约市能源法 2020》《纽约市住房维护法》《纽约市电气法 2011》。纽约市将多项标准规范转化为城市法令，转化的燃气安全相关法令有《纽约市建筑法》《纽约市消防法》等，见表 4-12。

表 4-12　纽约市燃气安全相关法令

| 序号 | 颁布年份 | 城市法令 | 引用标准规范 |
|---|---|---|---|
| 1 | 2013 | 《纽约市烟囱、壁炉、通风口和固体燃料燃烧器具法》 | 《国家消防协会规范》（NFPA 211，2013） |
| 2 | 2014 | 《纽约市风暴避难所法》 | 《国际规范理会规范》（ICC500，2014） |
| 3 | 2015 | 《纽约市防火墙规范》 | 《国家消防协会规范》（NFPA 221，2015） |
| 4 | 2016 | 《纽约市消防喷淋法》 | 《国家消防协会规范》（NFPA13，2016） |
| 5 | 2016 | 《纽约市消防泵安装法》 | 《国家消防协会规范》（NFPA13，2016） |
| 6 | 2016 | 《纽约市火灾警报法》 | 《国家消防协会规范》（NFPA72，2016） |
| 7 | 2020 | 《纽约市能源法》 | |
| 8 | 2011 | 《纽约市电气法》 | |
| 9 | 2022 | 《纽约市建筑法》 | 《国际建筑规范》（IBC2015） |
| 10 | 2022 | 《纽约市消防法》 | 《国际消防规范》（IFC2015） |
| 11 | 2022 | 《纽约市管道法》 | 《国际管道规范》（IPC2015） |
| 12 | 2022 | 《纽约市机械法》 | 《国际机械规范》（IMC2015） |
| 13 | 2022 | 《纽约市燃气法》 | 《国际燃气规范》（IFGC2015） |

### 1. 燃气管道检查

纽约市 2016 年第 150 号地方法规定，所有燃气管道系统的工作必须由以下人员完成：①经认证的高级管道工；②具有燃气工作资质的人员；③具有限定气体工作资质的人员。

纽约市 2016 年第 151 号地方法规定，所有燃气管道的最终检查必须由部门检查员在许可证持有人、注册设计专业人员或施工监督在场的情况下进行。所有许可工作完成后进行检查，任何缺陷都要记录并纠正，最终检验报告将进行纠正确认。

纽约市 2016 年第 152 号地方法规定，建筑物的所有燃气管道系统至少每 5 年检查一次，检验范围必须包括裸露的燃气管道，从燃气管道进入建筑物的入口点一直到单个租户空间，检查人员应识别大气腐蚀、管道老化、非法连接、不符合法规要求的安装。除裸露的管道外，还必须用便携式气体探测器检测以下位置的管道：公共空间、走廊、机械房间、锅炉房。检测报告要在 30 天内向业主反馈。

### 2. 燃气泄漏报告

纽约市 2016 年第 153 号地方法规定，住宅楼宇业主须告知租户在怀疑气体发生泄漏时应遵循的程序。租户应首先联系 911，然后联系燃气服务公司。

纽约市 2016 年第 154 号地方法规定，燃气服务公司及楼宇业主须向纽约市建筑局报告以下内容：由于 A 级或 B 级状况，将在 24 小时内关闭燃气服务；因安全原因在 24 小时内无法恢复燃气。A 级状况是指无法通过维修对燃气泄漏进行阻止，加热器具排放一氧化碳，烟道气排气系统有缺陷、阻塞或者不能使用，热交换器无法修复导致燃烧产物进入热风配送系统等情况。B 级状况是指正在泄漏的燃气器具无法修复、燃气器具安全装置缺失或不工作、电器接线不良或安装不当、目视可确认的燃烧不当等情况。

纽约市 2016 年第 159 号地方法规定，将以下违规行为归类为 A 级或 B 级状况：无许可证供应或安装气体、在未通知公用事业公司的情况下操作更改或新安装燃气系统、在未进行规定的符合性检查的情况下操作改造或新安装的燃气系统。

# 四、相关标准

## （一）国家标准

美国国家标准学会（ANSI）三个授权标准委员会负责油气管线国家标准制定。三个授权标准委员会是 Z223 授权标准委员会、Z380 授权标准委员会和 B109 授权标准委员会，分别负责 ASC Z223、ASC Z380、ASC B109 标准。

ASC Z223，即国家燃气规范，由美国国家消防协会（NFPA）54 号委员会联合制定，也称为 NFPA54。

ASC Z380，即燃气管线技术委员会气体传输、分配和收集管线系统指南。

ASC B109，即气体流量计和服务调节器的系列标准，编号为 B109.1、B109.2、B109.3 和 B109.4。

## （二）行业标准

美国油气管线行业标准制定组织主要有美国燃气协会（AGA）、美国石油学会（API）、美国材料与试验协会（ASTM）、美国机械工程师协会（ASME）和美国国家消防协会（NFPA）等。目前，美国交通部管线与危险材料安全管理局将标准制定组织制定发布的 80 多个标准和规范的全部或部分纳入联邦法规 49CFR 第 192、第 193 和第 195 部分。

### 1. 美国燃气协会（AGA）

美国燃气协会是美国国家标准学会三个授权标准委员会（ASC）的秘书处。

### 2. 美国石油学会（API）

美国石油学会成立于 1919 年，总部在华盛顿，是美国石油天然气勘探开发、炼油、管道运输、销售和安全行业的协会组织。在成立后的 100 年内，美国石油学会制定了 700 多项标准，以加强整个行业的运营安全、环境保护和可持续发展。这些标准陆续在全球范围被采用。标准化工作经验、完善的标准体系、明确的标准主题、充足的理论依据，使 API 标准成为世界各国公认的先进标准，具有很强的权威性、指导性和通用性，在全球石油工业标准化领域占据主导地位。

美国石油学会油气管道安全和消防、健康和环境事务等领域的标准见表 4-13 和表 4-14。

表 4-13　美国石油学会油气管道标准（安全和消防）

| 序号 | 标准编号 | 标准名称 |
|---|---|---|
| 1 | API Publ 770—2001 | 《工艺过程行业降低人为失误和改善人员表现的管理层人员指南》 |
| 2 | API RP 2001—2005 | 《炼油厂消防指南》 |
| 3 | API RP 2003—2008* | 《防止由于静电、雷电和杂散电流造成的引燃》 |
| 4 | API RP 2009—2002（2007） | 《石油和石油化工安全焊接、切削和动火作业》 |
| 5 | API RP 2027—2002（Re2007） | 《常压储罐烃类设施在喷砂除锈过程中着火的危险》 |
| 6 | API RP 2028—2002（Re2010） | 《管道输送系统的火焰消除器》 |
| 7 | API RP 2030—2005* | 《石油和化工行业固定式消防水喷淋系统应用指南》 |
| 8 | API RP 2201—2003（Re2010）* | 《石油与石化行业热开孔作业安全规范》 |
| 9 | API RP 2210—2000（Re2010） | 《石油储罐通风处的火焰消除器》 |
| 10 | API RP 2216—2003（Re2010） | 《露天环境下烃类液体和气体热表面燃烧危险》 |
| 11 | API Std 2217A—2009 | 《石油、石化工业受限空间内安全工作指南》 |
| 12 | API Std 2220—2011* | 《承包商安全行为规程》 |
| 13 | API RP 2221—2011* | 《承包商与业主安全计划的实施》 |
| 14 | API Std 2015—2001（Re2006）* | 《石油储罐的安全进入和清理要求》 |
| 15 | API RP 2016—2001（Re2006） | 《进入和清理储油罐指南与程序》 |
| 16 | API RP 2021—2001（Re2006）* | 《常压储罐消防管理》 |
| 17 | API RP 2207—2007 | 《罐底板施工的准备工作》 |
| 18 | API RP 2350—2005* | 《在石油设施中对储存罐过量注入的保护》 |

注：（1）*代表国内标准已进行采标；

　　（2）Re 指 Reaffirmed（重新确认继续有效）。

表 4-14　美国石油学会油气管道标准（健康和环境事务）

| 序号 | 标准编号 | 标准名称 |
|---|---|---|
| 1 | API Publ 4653—1997 | 《原油和成品油管道设施挥发性释放因素》 |
| 2 | API Publ 340—1997 | 《地面储存设施液体泄放预防和检测措施》 |
| 3 | API Publ 353—2006* | 《中转油库和设施的完整性管理系统》 |
| 4 | API Publ 4716—2002 | 《埋地压力管道系统泄漏探测指南》 |

注：*代表国内标准已进行采标。

### 3. 美国材料与试验协会（ASTM）

美国材料与试验协会是世界上历史最悠久、最具影响力的国际标准机构之一，主要制定材料、石油产品和润滑剂、环境（空气、土壤和水体）、橡胶、医学设备和纳米技术等领域的试验方法和程序标准。ASTM 标准被全球 60 多个国家认可、采用，具有很强的权威性、指导性和通用性。

美国材料与试验协会技术委员会经董事会核准建立，包括 1 名主席、1 名副主席、会员秘书和记录秘书，由制造商、消费者、学术界和政府代表组成，确保按照"协商一致"原则制定标准，美国材料与试验协会与管道行业相关的技术委员会见表 4-15。在标准制定过程中可能出现协同工作的情形。技术委员会可划分多个更为具体明确的分技术委员会，负责标准的研制、维护、裁断权以及解决特定工作范围的技术问题；分技术委员会下设若干工作组，仅在一定时期内存在，负责标准文本起草和编辑工作，允许非美国材料与试验协会会员的个人加入（以技术专家名义）。

美国材料与试验协会每年出版一次标准年鉴（Annual Book of ASTM Standards），按照类（Section）和卷（Volume）编排，包括印刷版、光盘版和网络在线电子版。此外还包括专业技术出版物《ATPS》，其论文来源于美国材料与试验协会技术委员会的论文集，以及《ASTM 标准化新闻》（*ASTM Standardization News*）、《试验与评定》（*Journal of Testing and Evaluation*）等期刊。美国材料与试验协会部分管理标准见表 4-16。

表 4-15　美国材料与试验协会与管道行业相关的技术委员会

| 代码 | 技术领域 | 技术委员会编号与名称 |
|------|----------|----------------------|
| A | 黑色金属 | A01-钢铁、不锈钢和相关合金 |
| B | 有色金属 | B08-金属和无机涂层 |
| D | 其他材料 | D02-石油产品和润滑剂；D09-电子和电气绝缘材料；D18-土壤和岩石；D19-水；D22-空气质量；D30-合成材料；D32-催化剂；D34-废物管理 |
| E | 其他项目 | E04-金相学；E05-消防标准；E07-无损检测；E08-疲劳和破裂；E20-温度测量；E27-化学品潜在危险；E28-机械检测；E34-职业健康与安全；E37-热工测量；E50-环境评估、风险管理与补救行动；E53-资产管理体系；E56-纳米技术 |
| F | 特殊材料 | F03-垫圈；F12-安全系统和设备；F14-护栏设施；F16-紧固件；F17-工人防触电设备；F20-危险物质及油品泄漏应急措施；F23-个人防护服与设备；F30-紧急医疗服务；F32-搜寻和营救 |
| G | 材料腐蚀 | G01-金属腐蚀；G02-磨损和腐蚀；G03-老化和耐用性；G04-富氧环境中材料的兼容性和敏感性 |

表 4-16　美国材料与试验协会燃气管道部分标准

| 序号 | 标准编号 | 标准名称 |
|------|----------|----------|
| 1 | E1003 | 《静水压泄漏试验的标准试验方法》 |
| 2 | E2993 | 《评估渗流区甲烷对建筑物潜在危害的标准指南》 |
| 3 | F1025 | 《聚乙烯气体压力管穿孔或孔洞的加固和修复用全环绕式带夹的选择和使用标准指南》 |
| 4 | F2207 | 《金属燃气管道修复用现场固化内衬系统的标准规范》 |
| 5 | F2896 | 《石油和天然气及危险液体运输用增强聚乙烯复合管的标准规范》 |
| 6 | F2945 | 《聚酰胺 11 气压管　管道和配件的标准规范》 |

## 4. 美国机械工程师协会（ASME）

美国机械工程师协会（ASME）成立于 1880 年，是世界上第一个促进机械工程科学技术与生产实践发展的国际性标准化组织，研究学科分为基本工程（如能量转化、资源、环境、工程材料等）、制造工艺（如材料储存、设备维护、加工工艺、制造工程学等）和系统设计（如计算机工程应用、动力系统和控制、电气系统、流体力学、信息处理和储存等）三大领域，制定的管道、锅炉、压力容器等技术标准具有较高的权威性，被全球 90 多个国家采用。

ASTM 标准大部分纳入美国国家标准（ANSI）体系中，可在 ANSI 或者美国机械工程师协会官方网站浏览下载；美国机械工程师协会承担国际标准组织 ISO/TC 185（过压保护安全装置）、ISO/TC 213（产品尺寸）等十几个委员会的标准制定工作；美国机械工程师协会有 37 个技术委员会，负责提供信息技术支持，确保会员使用现行标准以及随时了解最新的标准制定信息。

美国机械工程师协会制定的与管道维修、腐蚀评价相关的部分标准见表 4-17。

表 4-17　美国机械工程师协会油气管道部分标准

| 序号 | 标准编号 | 标准名称 |
|------|----------|----------|
| 1 | ASME PCC-2—2011 | 《压力设备与管道维修》 |
| 2 | ASME PCC-3—2007 | 《基于风险方法的检验计划》 |
| 3 | ASME PTB-2—2009 | 《压力设备完整性生命周期管理指南》 |
| 4 | ASME A13.1—2007 | 《管道系统鉴定方案》 |
| 5 | ASME B31.8S—2012 | 《燃气管道管理系统的完整性》 |
| 6 | ASME B31T—2010 | 《管道系统标准强度要求》 |
| 7 | ASME B31G—2012 | 《腐蚀管道剩余强度测定手册》 |
| 8 | ASME B31E—2008 | 《地上管道系统抗震设计和改造标准》 |
| 9 | ASME PTC19.2—2010 | 《压力测量》 |
| 10 | ASME PTC25—2008 | 《压力释放装置　性能试验规范》 |

### 5. 美国国家消防协会（NFPA）

美国国家消防协会（NFPA）是一个全球性的自筹资金非营利组织，成立于 1896 年，致力于消除因火灾、电气和相关危害造成的死亡、伤害、财产和经济损失。美国国家消防协会发布了 300 多个共识规范和标准，为研究、培训、教育、外展和宣传提供信息和知识，会员总数超过 50 000 人。美国国家消防协会规范和标准由 260 多个技术委员会管理，包括约 10 000 名志愿者，在世界各地被采用和使用。燃气相关的美国国家消防协会标准见表4-18。

表4-18　美国国家消防协会燃气相关部分标准

| 序号 | 标准编号 | 标准名称 |
|---|---|---|
| 1 | NFPA 51 | 《用于焊接、切割和相关工艺的氧气燃气系统设计和安装标准》 |
| 2 | NFPA 54 | 《国家燃气规范》 |
| 3 | NFPA 56 | 《易燃气体管道系统清洁和吹扫过程中的防火防爆标准》 |
| 4 | NFPA 57 | 《液化天然气（LNG）车辆燃料系统规范》 |
| 5 | NFPA 58 | 《液化石油气规范》 |
| 6 | NFPA 59 | 《公用事业液化石油气厂规范》 |
| 7 | NFPA 59A | 《液化天然气（LNG）生产、储存和处理标准》 |
| 8 | NFPA 67 | 《管道系统中气体混合物防爆指南》 |
| 9 | NFPA 68 | 《爆燃通风防爆标准》 |
| 10 | NFPA 69 | 《防爆系统标准》 |
| 11 | NFPA 70 | 《国家电气规范》 |
| 12 | NFPA 70A | 《一户和两户住宅的国家电气规范要求》 |
| 13 | NFPA 70B | 《电气设备维护标准》 |
| 14 | NFPA 70E | 《工作场所电气安全标准》 |
| 15 | NFPA 72 | 《国家火灾报警和信号规范》 |
| 16 | NFPA 73 | 《现有住宅电气检查标准》 |
| 17 | NFPA 79 | 《工业机械电气标准》 |
| 18 | NFPA 96 | 《商业烹饪操作的通风控制和防火标准》 |
| 19 | NFPA 275 | 《评估热障的防火测试标准方法》 |
| 20 | NFPA 290 | 《液化石油气容器用被动防护材料防火测试标准》 |
| 21 | NFPA 326 | 《用于进入、清洁或维修的储罐和容器的安全保护标准》 |
| 22 | NFPA 328 | 《地下井、污水管和其他类似地下结构》 |
| 23 | NFPA 329 | 《处理易燃、可燃液体和气体的推荐做法》 |
| 24 | NFPA 350 | 《密闭空间安全进入和工作指南》 |
| 25 | NFPA 385 | 《易燃和可燃液体罐车标准》 |
| 26 | NFPA 386 | 《易燃和可燃液体便携式运输罐标准》 |
| 27 | NFPA 395 | 《农场和隔离场所易燃和可燃液体储存标准》 |
| 28 | NFPA 715 | 《燃气检测报警设备安装标准》 |
| 29 | NFPA 720 | 《一氧化碳（CO）检测和报警设备安装标准》 |

### 6. 美国安全检定实验室公司标准（UL）

美国安全检定实验室公司是美国最有权威的，也是世界上从事安全试验和鉴定的较大的民间机构。它是独立的、非营利的、为公共安全做试验的专业机构，采用科学的测试方法研究确定各种材料、装置、产品、设备、建筑等对生命、财产有无危害和危害的程度，同时开展实情调研业务。UL 标准技术小组是美国国家标准（ANS）和加拿大国家标准（NSC）的共识机构。与气体安全相关的 UL 标准见表 4-19。

表 4-19　美国安全检定实验室公司燃气监测部分标准

| 序号 | 标准编号 | 标准名称 |
| --- | --- | --- |
| 1 | UL 1238 | 《易燃液体分配设备的控制标准》 |
| 2 | UL 1484 | 《住宅煤气体探测器》 |
| 3 | UL 1489 | 《输送可燃液体的耐火管道保护系统的安全防火测试标准》 |
| 4 | UL 1498 | 《气体检测设备指导文件》 |
| 5 | UL 1738 | 《Ⅱ、Ⅲ和Ⅳ类燃气设备通风系统标准》 |
| 6 | UL 2061 | 《便携式液化石油气钢瓶组件的适配器和气瓶连接装置标准》 |
| 7 | UL 2075 | 《气体和蒸汽探测器和传感器》 |
| 8 | UL 121303 | 《易燃气体探测器使用指南》 |
| 9 | UL 60079 | 《爆炸性气体环境用电气设备》 |

## （三）纽约地方标准

纽约市燃气安全所遵循的标准有美国劳工部职业安全与健康管理局 OSHA1926《建筑安全与健康条例》、OSHA1910《职业安全与健康标准》。

液化石油气（LPG）和压缩天然气（CNG）的储存、处理和使用还必须遵守以下消防法规和标准：液化石油气遵守《纽约市消防法》第 38 章、美国防火协会标准 NFPA58（2008 年版）、纽约市消防局规则第 3809-01 号；压缩天然气遵守《纽约市消防法》第 3508 节、纽约市消防局规则第 3507-01 号；焦油釜遵守《纽约市消防法》第 303 节。

# 五、设施设备管理

## （一）设施管理

### 1. 燃气设施安装

《纽约市燃气法》（FGC）第 406.1 条要求，燃气管道系统在连接新分支、扩建现有支管、新增仪表、安装双排放阀时，应将相关管道作为一个完整的单元进行测试。

（1）连接新分支

将新分支直接连接到现有立管上时，须对新分支和现有管道中受损或关闭的部分进行测试（图 4-16）。

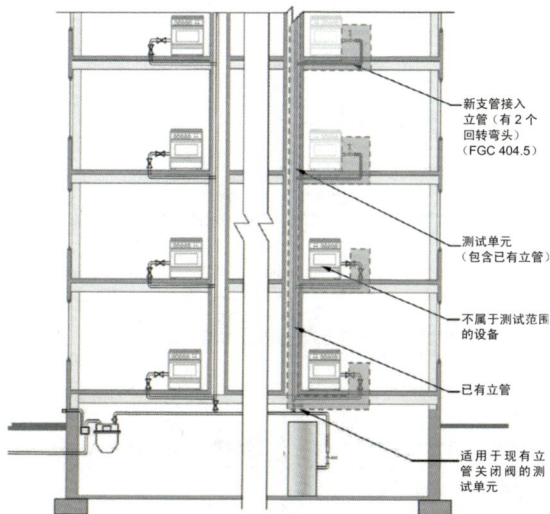

新支管接入立管（有 2 个回转弯头）（FGC 404.5）

测试单元（包含已有立管）

不属于测试范围的设备

已有立管

适用于现有立管关闭阀的测试单元

图 4-16　连接新分支示意图

（2）扩建现有支管

现有分支已扩展到单个租户空间内，在关闭阀下游扩建支管时，须对租户空间内的新管道、原有管道与截止阀之间进行测试（图 4-17）。

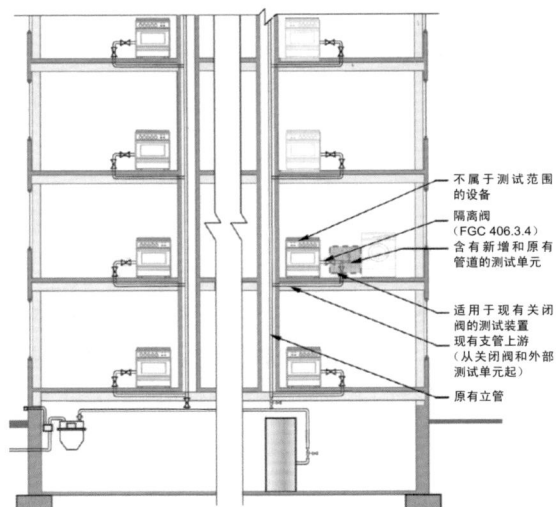

不属于测试范围的设备

隔离阀（FGC 406.3.4）

含有新增和原有管道的测试单元

适用于现有关闭阀的测试装置 现有支管上游（从关闭阀和外部测试单元起）

原有立管

图 4-17　扩建现有支管示意图

（3）现有管道新增仪表

在有单独燃气表的房间进行更改时，须对从房间到仪表出口侧的新管道和现有管道进行测试（图 4-18）。

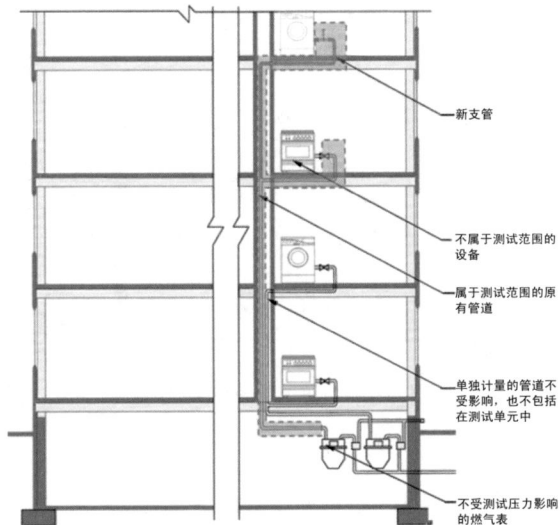

新支管

不属于测试范围的设备

属于测试范围的原有管道

单独计量的管道不受影响，也不包括在测试单元中

不受测试压力影响的燃气表

图 4-18　现有管道新增仪表示意图

（4）安装双排放阀

安装双排放阀时需进行测试（图4-19）。

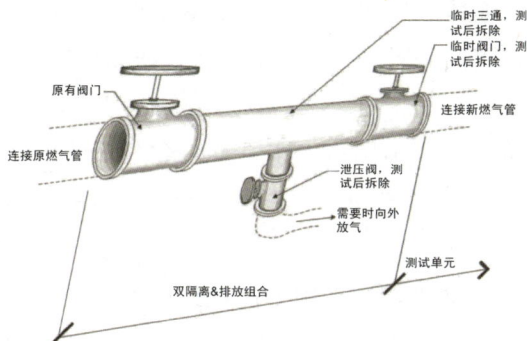

图4-19　双排放阀示意图

（5）隔离测试

对部分管道进行隔离测试时，应加装堵头（图4-20）。

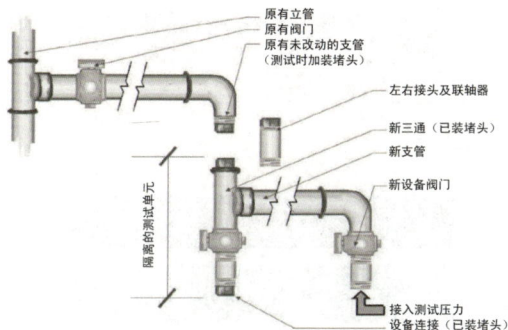

图4-20　加装堵头示意图

　　《纽约市燃气法》规定，所有的燃气管道都应该是没有柔性连接件的硬质管道。根据《纽约市房屋维修法》第 27-2034（f）条，每个燃气加热器应配备一个自动切断装置，在点火器、持续燃烧的火焰熄灭时或在气体供应中断时，自动关闭气体供应；在切断装置复位后，燃气加热器才可以正常点火。

### 2. 燃气管道管理

所有的燃气管道、阀门和配件，从输送点到设备接口的操作，必须在严格监督下进行。输送点前的设备，如管道和配件，被视为供应商的责任。管道，包括管线、阀门、配件和压力调节器，应保持气密性良好以防泄漏。

（1）管道标记

美国国家标准学会、美国机构工程师协会《管道系统识别方案》标准（ANSI/ASME A13.1）旨在建立一个共同系统，以协助识别管道系统中输送的有害物质及其在环境中释放时的危害。该方案涉及工业和发电厂管道系统内容物的识别，也被推荐识别用于商业和机构装置以及用于公共装配的建筑物的管道系统，但不适用于埋在地下的管道，也不适用于电气管道。

《管道系统识别方案》对不同承载物管道的标签与文本颜色进行了规定，见表4-20。

表 4-20　不同承载物管道的标签与文本颜色

| 标签颜色 | 文本颜色 | 颜色示例 | 管道承载物 |
|---|---|---|---|
| 红 | 白 | | 灭火液 |
| 橙 | 黑 | | 有毒和腐蚀性流体 |
| 黄 | 黑 | | 易燃和氧化性流体 |
| 棕 | 白 | | 可燃流体 |
| 绿 | 白 | | 饮用水、冷却水、锅炉给水和其他水 |
| 蓝 | 白 | | 压缩空气 |
| 紫 | | | 由用户定义 |
| 灰 | 白 | | |
| 黑 | | | |
| 白 | 黑 | | 由用户定义 |

《管道系统识别方案》对管道标签的可见性和尺寸进行了具体规定。另外，在考虑管道标记上字母的大小和位置时，应注意管道标记的可见性。如果管道位于正常视线上方或下方，则应将字母放置在管道水平中心线的下方或上方。如果由于管道或包裹物的尺寸原因难以标记，建议使用耐用且持久的标牌代替管道标签。标签与文字的尺寸根据管道或包裹物的外径进行调整，见表4-21。

表4-21　不同管道外径的标签与文字尺寸

单位：mm

| 管道或包裹物外径 | 色域长度 | 字母高度 |
| --- | --- | --- |
| 18～33 | 203 | 13 |
| 34～61 | 203 | 19 |
| 62～170 | 305 | 32 |
| 171～254 | 610 | 64 |
| ≥254 | 813 | 89 |

用于燃气管道系统的标记应包括管道名称和燃气流动方向。每个阀门，每个穿过墙、地板或天花板的管道，每个转弯的地方，以及整个管道运行过程中每6米或其零头部分都应进行标记（图4-21和图4-22）。

以下情况例外：计划在不同时期携带多种压缩气体的管道，应在集气管上张贴适当的标志或标记；气体制造厂、气体加工厂以及类似场所内的管道，应以获得批准的方式进行标记。

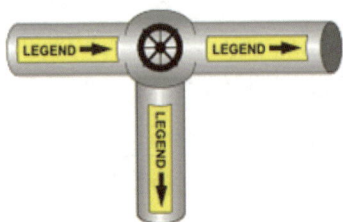

（a）阀门和法兰附近的管道标记　　　　　　（b）穿墙管道标记

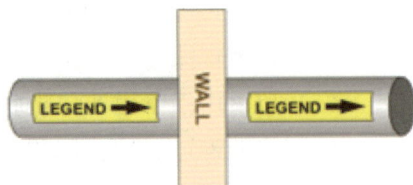

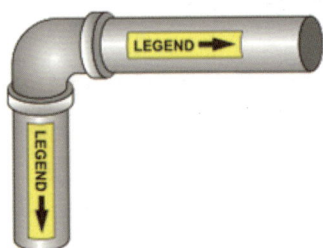

（c）相邻转向管道标记　　　　　　　（d）直线管道标记

图 4-21　燃气管道标签位置示意图

图 4-22　燃气管道标记示意图

（2）管道限值

管道的尺寸和安装方式应保证能够提供充足的燃气供应，并满足最大需求，同时在传输点和燃气使用设备之间不会产生过大的压力损失。

压力超过 0.5 磅/平方英寸的燃气输配管道不得在建筑物内部运行。以下情况可以允许使用压力不超过 3 磅/平方英寸的燃气：

①商业应用；

②工业应用；

③锅炉房设备的燃料需求超过 113 立方米/小时，且这种大流量使用是通过独立的燃气输配管道供应到锅炉房的。

对于通气量超过 2 832 立方米/小时的锅炉房设备，燃气压力不得超过 15 磅/平方英寸，燃气输配管道安装并应符合《纽约市燃气法》第 404 节的要求。如果符合《纽约市燃气法》第 406 节的要求，输配管道可以使用超过 15 磅/平方英寸的压力。

（3）管道材料

用于燃气管道系统的材料应该是全新的，不能重复使用旧管道、旧配件、旧阀门等。主管道不得采用塑料材质。金属管道不得采用铸铁、铜、黄铜、铝合金等材质，应采用碳钢和熟铁材质，并应符合 ASME B36.10M、ASTM A53/A53M 或 ASTM A106/A106M 等标准。

（4）管道防腐

与土壤接触的燃气管道不得使用螺纹式或未涂保护涂层的焊接接头。户外架设的燃气管道应采用镀锌、涂覆保护性黏结涂层、包裹防护性包装等措施进行防腐。埋地燃气管道应采用涂覆保护性黏结涂层、包裹防护性包装等措施进行防腐。

（5）管道埋设

燃气地下管道系统最小埋深为地面距管道上方 60 厘米。当燃气地下管道系统被 0.64 厘米（0.25 英寸）厚的钢板保护时，最小埋深可小于 60 厘米，燃气管道距离保护钢板下方应不少于 10 厘米。

（6）管道测试

在使用之前，所有燃气管道的安装施工应当进行检查和压力测试，以确定材料、设计、制造和安装是否符合《纽约市燃气法》的要求。

检查应包括在装配和压力测试时进行视觉检查。如果在压力测试时发现故障管道，维修后的管道应该再次进行测试。

新装管道和现有管道之间的连接处应使用非腐蚀性泄漏检测液或其他经过批准的泄漏检测方法进行测试。管道系统可以整体测试，也可以分段测试。

任何情况下都不应使用管道中的阀门作为燃气管和邻近测试介质之间的隔板，除非有两个阀门和一个带阀门的指示器进行串联安装。阀门不得承受试验压力，除非可以确定阀门以及阀门关闭装置的设计指标高于试验压力。

管道系统之外独立制造的调节器和阀门组件应在制造时用燃气或空气进行测试。测试介质应为空气、氮气、二氧化碳或惰性气体，不得使用氧气。只有当所需的测试压力超过 100 磅/平方英寸表压力时，才能使用淡水作为测试介质。

在进行测试之前，应对管道内部进行冲洗，清除所有异物，包括焊接飞溅物、尘土、抹布以及在焊接作业和管道安装过程中留在管道内的其他碎片。

在完成安装后，气体输配管道应符合以下要求：配送压力达到 0.5 磅/平方英寸表压力时，应使用非汞表在 3 磅/平方英寸的压力下测试，至少持续 30 分钟；配送压力为 0.5～3 磅/平方英寸表压力时，应在 50 磅/平方英寸表压力下测试，至少持续 30 分钟；配送压力为 3～15 磅/平方英寸表压力时，应在 100 磅/平方英寸表压力下测试，至少持续 1 小时；配送压力超过 15 磅/平方英寸表压力时，应测试最大允许操作压力的两倍，但不少于 100 磅/平方英寸表压力，且至少持续 1 小时；当试验压力超过 125 磅/平方英寸表压力时，试验压力不得超过在管道中产生的环向应力大于管道规定最小屈服强度 50%的数值；所有工厂应用涂层和包覆管的最低测试压力应为 90 磅/平方英寸表压力。

（7）管道泄漏检查

在将燃气引入新的燃气管道之前，应全面检查整个系统，确保不存在任何敞开的配件或末端，并且不使用的出口处的所有阀门已关闭并塞紧或封堵。

管道系统应经受指定的测试压力，且不能显示出任何泄漏或其他缺陷。压力表显示测试压力降低应视为存在泄漏，除非该降低可以明确归因于其他原因。应通过使用已批准的燃气探测器、无腐蚀性泄漏检测液或其他已批准的泄漏检测方法（如使用肥皂和水）来定位泄漏。不得使用火柴、蜡烛、明火或其他可能引发起火的方法。

### 3. 安全设施管理

（1）防火设施

存储易燃气体时，所有存储区域都需要设置消防保护设备和防火系统。适任证持有人必须确保这些系统始终得到维护，并且处于良好的工作状态。

不得以危险方式使用明火和高温设备。

喷水灭火系统在发生火灾时自动放水。该系统由一组与可靠水源连接的管道组成。喷头安装在管道上的间隔处。

在正常情况下，可熔接头将喷头保持在关闭状态。当可熔接头熔化时，水会以固定速率迅速喷射到火源上，抑制火势并阻止其蔓延。任何喷水灭火系统都应达到普通火险第 2 组所要求的至少 1 672 平方米的防护面积。如果其他法规要求材料或储存方式需要更高级别的喷水灭火系统保护，则必须提供更高级别的喷水灭火系统保护（如存储易燃气体的场所）。

（2）火灾警报系统

在存储和使用易燃气体的地方，必须提供经批准的手动火灾警报系统。火灾警报启动设备应安装在存储建筑物、房间或区域的每个内部出口或出口通道门外。紧急火灾警报启动设备的触发会发出警报，提示使用者。必须由纽约市消防局批准的中央、专有或远程服务对《纽约市消防法》要求的紧急火灾警报检测和灭火系统进行监管，或者在现场有人监控的位置以声音和视觉信号启动警报。根据《纽约市消防法》第 9 章和建筑规范，使用或处理危险材料的室内房间或区域应当安装灭火系统（图 4-23）。

纽约市火灾报警系统是一种在烟雾或火情出现时发出声光警报的系统。这些设备包括烟雾探测器、热探测器、声光装置等，如喇叭、频闪灯、手动火灾报警拉动装置、火灾报警控制面板等（图 4-24）。

图 4-23 火灾警报装置

图 4-24 纽约市火灾报警系统设备

火灾报警系统，包括烟雾探测器、一氧化碳探测器，必须由纽约市建筑局许可的电气承包商安装，并由经批准在纽约市安装火灾报警系统的公司雇用的持有 S-97、S-98 合格证人员进行设定。

自 1968 年起，可容纳 75 人以上的餐厅、俱乐部必须安装火灾报警系统；自 2008 年起，可容纳 300 人以上的建筑和可容纳 75 人以上的餐厅、俱乐部必须安装火灾报警系统。

持有 S-95、F-53、F-89、T-89、F-80 合格证的人员可以对火灾报警系统执行目视检查，但不能对系统进行测试和维护。只有由纽约市消防局批准的火警公司雇用的持有 S-97、S-98 合格证人员才能测试和维护火灾报警系统。

（3）烟雾、热量检测系统

通常，烟雾、热量探测器用作火灾警报设备。当探测到火灾时，它们自动触发警报。现场的消防警报将会响起，同时可能还会发送一个信号到中控室。中控室的工作人员立即通知消防部门。

在每个装置或压缩设备上必须安装能够检测引发火灾的热量检测设备。建筑物和压缩设备的热量检测系统必须在发现火情时自动启动灭火系统以及声光警报。当检测到火情时，该系统必须关闭压气机的燃气供应，并通过中央监控站向消防部门发送火灾警报。

烟雾和热量探测器必须每年进行测试检查。这些检查必须由持有烟雾和热量探测器维护和测试适任证的人员进行。在这些检查中，适任证持有人将根据需要调整烟雾和热量探测器，发现任何有缺陷的探测器都必须立即更换。

纽约市消防局（FDNY）要求建筑物的烟雾探测器应根据《纽约市消防法》第 901 节、《纽约市消防规则》和 2002 年版美国国家消防协会标准 NFPA 72（FC 907.20）进行清洁和测试。业主或经营者可以雇用持有 F-78 合格证书的员工，或雇用持有 S-78 合格证书员工的纽约市消防局认证烟雾探测器公司或纽约市消防局认证火警公司进行清洁和测试。F-78 证书只能在特定地点使用，S-78 证书可以在全市使用。

烟雾探测器由持有 F-78、S-78、S-97、S-98 等合格证人员定期对火灾报警系统进行目视检查、清洁和维护。纽约市消防局对火灾报警系统没有许可证或年检要求。

（4）气体检测系统

2023 年 1 月 1 日，美国国家消防协会发布《燃气检测报警设备安装标准》（NFPA 715）。该标准规定，燃气报警设备可以是单站或多站燃气报警器，通过独特的声音信号发出警报。单站燃气报警器能够与一个或多个报警器互联，以便报警信号在所有互联报警器中传递。在主电源中断时，备用电源应确保该系统在非报警条件下运行至少 24 小时。

在所有燃气站或压缩设备上，必须安装符合《纽约市建筑法》规定的可燃气体检测报警系统。该系统通常设计为当大气中可燃气体浓度超过其下限爆炸浓度（LEL）的 20% 时自动触发声光警报。当浓度达到 LEL 的 50% 时，该系统将自动切断燃气供应，并同时通过批准的中控室向消防部门传输警报。

《纽约市地方法》规定，所有安装火灾报警系统的餐馆必须在 2021 年 7 月 1 日之前安装一氧化碳探测器。

（5）气体探测器

纽约市 2016 年第 157 号地方法规定，楼宇业主应按照市建筑局制定或采用的标准安装和维护天然气报警器，应按标准设置报警位置。

《纽约市行政法》第 27-2045 章节规定，业主应在每个公寓房间安装烟雾探测器和一氧化碳报警器，并且在使用寿命到期时由业主定期更换。一氧化碳报警器必须放置在距离每个卧室主入口 4.6 米以内的地方，必须配备寿命终止报警器。租户应向业主支付每个烟雾探测器或一氧化碳探测器最高 25 美元，每个烟雾和一氧化碳联合探测器最高 50 美元的使用费。这笔费用包括初始安装和每次定期更换的工作成本。自安装之日起，租户可在一年内完成付款。

（6）商业烹饪灭火系统

商业烹饪灭火系统是安装在烹饪设备上方的自动灭火系统。该系统在火灾发生时自动启动，燃气管道或烹饪用具的其他电源自动关闭（图 4-25）。

纽约市凡是烹饪器具会产生油脂或烟雾的餐馆都必须安装该系统。该系统的安装必须由纽约市建筑局批准的 A 级或 C 级消防管道总承包商负责。

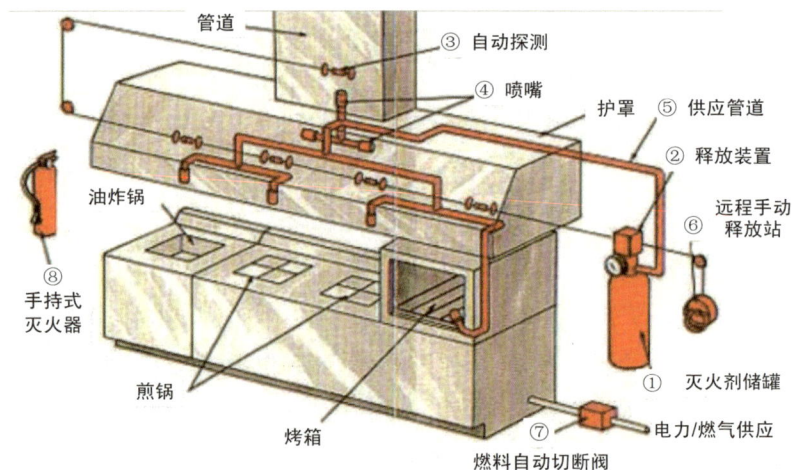

图 4-25　纽约市商业烹饪灭火系统示意图

在商业烹饪灭火系统上积聚的油脂应由纽约市消防局批准的清洁公司定期清洁。该系统须每 6 个月由经过批准的消防管道总承包商检查、测试、维修一次。纽约市消防局为该系统核发年度许可证。在维护或操作该系统时，应首先查验纽约市消防局许可证。

每年纽约市防火局抽油烟机部门都会对商业烹饪灭火系统进行检查，其中计划审核费用为 210 美元，消防系统应用文件管理费用为 165 美元，仅机械验收测试费用为 285 美元，机械+电气验收测试费用为 580 元，许可证费用为每个系统 70 美元。

### 4. 纽约市消防局检查

纽约市消防局检查员会定期检查适任证持有人所监督的场所，以确保遵守消防局规定。当检查发现未遵守消防局的规定时，将对适任证持有人采取罚款、吊销适任证等处罚措施。

（1）推荐的检查程序

适任证持有人必须定期检查和巡逻分配的责任区域，以确保消防系统、储存容器和相关设备处于良好状态。当发现重大缺陷时，适任证持有人必须通知主管。例如，当发现配件系统严重泄漏时，必须通知消防局。必须每天检查整个场所是否存在潜在的点火源，如存在则必须立即纠正或移除。废物和垃圾不得在储物区域内任何地方堆放。必须将所有垃圾清除出场地。安装室内火灾警报系统时，适任证持有人必须每天进行测试。无须测试所有火灾报警箱，仅测试每种类型的一种火灾报警箱即可。必须获得并公布所有必要的消防局许可证和证书。这些许可证自颁发日期起一年内有效。所有测试和检查的结果必须记录在检查日志中，并保留至少 3 年。当消防局检查员要求时，受检方必须提供日志簿、许可证和证书。

（2）维护

应定期进行检查，以确保整个配气系统和相关设备正常工作。适任证持有人必须对配气系统的所有计量表进行目视检查，并记录其设置和状态。系统中有缺陷的部件必须立即更换。当对现有的煤气计量管道或燃气配气管道进行改建、延伸或修复时，需要关闭流向建筑物的燃气，业主或其授权代表必须通知公用事业公司。

### 5. 纽约市燃气管道检查

根据纽约市 2016 年第 152 号地方法律，建筑物（一户或两户住宅除外）的业主必须向市建筑局在线提交一份燃气管道系统定期检查证明，该证明由高级管道工对燃气管道检查或监督检查后签字盖章。未在截止日期前提交证明将被处以 5 000 美元民事罚款。具体检查安排见表 4-22。

表 4-22　纽约市燃气管道检查安排

| 管道检查日期 | 建筑所属社区 |
| --- | --- |
| 2020 年 1 月 1 日至 2021 年 6 月 30 日[①] | 各行政区 1、3、10 号社区 |
| 2021 年 1 月 1 日至 2022 年 6 月 30 日[①] | 各行政区 2、5、7、13、18 号社区 |
| 2022 年 1 月 1 日至 2022 年 12 月 31 日[①] | 各行政区 4、6、8、9、16 号社区 |
| 2023 年 1 月 1 日至 2023 年 12 月 31 日[①] | 各行政区 11、12、14、15、17 号社区 |

注：①并且不迟于此后每 4 年的 12 月 31 日。

检查应包括视情况在制造、装配或压力试验期间或之后的目视检查。未在《纽约市燃气法》或工程设计中明确列出的不需要补充无损检测技术，如磁粉、射线照相、超声波等。焊接的气体管道应根据《纽约市建筑法》第 17 章进行特别检查。根据美国机械工程师协会（ASME）《锅炉和压力容器规范》第 9 节，应对建筑物内压力超过 5 磅/平方英寸（34.5 千帕）的燃气表和燃气分配管道的所有对接焊缝进行射线照相检测。

对新安装的燃气设施以及对现有燃气设施进行改造、扩增、翻新或修理后的部件，应当进行检测，以发现泄漏和缺陷。不过，在更换现有燃气器具时，无须进行气体测试，但须符合以下条件：在现有燃气器具关闭阀的上游没有更换燃气管道，以及在现有燃气器具关闭阀的下游安装或更换长度不超过 1.8 米的管道。

## （二）设备管理

### 1. 燃气切断阀

（1）自动切断阀

切断阀必须方便操作，安装位置应确保不易受到损坏。每个仪表的燃气供应侧都应配有切断阀。自动切断阀应连接在燃气管道系统，在发生紧急情况时自动切断燃气供应。自动切断阀必须位于受限高压燃气管道的上游，必须安装在地下或以其他方式进行保护，以防止暴露在外受火灾或物理损坏，安装方式必须得到消防专员的认可。

（2）手动切断阀

必须在燃气供应线上安装一个手动切断阀，用于在紧急情况下切断燃气供应。适任证持有人必须确保阀门免受物理损坏并方便操作。

## 2. 燃气设备泄漏

应对储气罐、阀门、软管和相关设备进行物理损坏检查。应特别注意识别可能导致泄漏的任何问题。发现任何有问题的部件时，都必须标记并更换，然后才能再次使用设备。如果检测到任何易燃气体泄漏，必须将储气罐移至远离可燃材料、通风良好的区域并张贴危险标志。适任证持有人只能停止使用设备，不得尝试维修。因该设备非常敏感，只能由制造商维修。

新容器连接到设备后，必须检查所有连接是否泄漏。这些泄漏大多发生在储气罐顶部的阀门螺纹、压力安全装置、阀杆和阀门出口等区域。

必须使用肥皂水溶液检查这些区域。切勿使用火焰检查是否有泄漏。首先确保所有连接都牢固，然后打开容器阀门，通过在连接处刷洗或喷洒肥皂水溶液来检查每个连接处。设备再次使用前应修理或更换配件。检查接口是否泄漏时，切勿使用点燃的火焰（如火柴）。

有时调节器上可能会结冰或受潮，结冰有可能是由于压缩气体以液态形式发生了泄漏。这是因为储气罐内部出现了问题，很容易发生危险。如果设备或接口上结冰，请关闭燃料容器的主控制阀停止使用，并立即将其退回供应商。如果储气罐本身或其控制阀结冰，应该立即拨打911。

## 3. LPG/CNG 容器

（1）操作许可

储存、处理或使用超过 11.33 立方米的 LPG/CNG 需要许可证。对于 LPG，11.33 立方米约为 21 千克。表4-23 列出了需要许可证才可以储存、使用、处理或运输的 LPG 钢瓶的数量。消防专员对钢瓶处置场地进行检查，检查合格后颁发许可证。容量大于 485 毫升的便携式 LPG 钢瓶、容量大于 0.25 立方米的 CNG 瓶不得在住宅、工厂和工业场所、教育场所、政府机构的室内场所储存、处理或使用（消防专员根据规定授权通过的除外）。

表 4-23　LPG 容器需要许可证的最低数量

| 钢瓶容量 | 最低数量/个 | 钢瓶容量 | 最低数量/个 |
| --- | --- | --- | --- |
| 416 mL | 54 | 15 kg | 2 |
| 485 mL | 46 | 18 kg | 2 |
| 9 kg | 3 | 45 kg | 1 |

（2）许可证类型

①特定场地许可证。此类许可证授权在特定场所储存、处理、使用 LPG/CNG 或进行相关操作。特定地点许可证包括长期许可证和临时许可证。长期许可证的有效期为 12 个月，发放或更新长期许可证都需要进行检查，并在 12 个月后自动到期。临时许可证的有效期从 1 天到 12 个月不等，具体取决于施工或运营需要。例如，工期为一周的工程可签发为期一周的临时许可证，街头集市活动可发放为期一天的临时许可证。

②全市许可证。全市许可证的有效期最长为 30 天。每个工作日结束时，所有 LPG/CNG 容器必须从现场移走。

如果工期超过 30 天，则许可证到期前必须提交新的申请。

在建筑工地上储存、处理和使用 LPG/CNG 必须获得特定场地许可证。如果焦油釜、沥青熔化器或焊锯操作不需要储存 LPG/CNG 容器，且在每个工作日结束之后都能移出现场，则只需获得全市许可证即可，施工工作应在开始后 30 天内完成。

所有许可证均不可转让，使用、经营、租赁或所有权的任何变更都必须签发新的许可证。适任证持有人有责任确保场所内的操作遵守所有消防安全规定和程序。许可证和适任证应放在场地内，以供消防部门检查。

（3）相关装置

①压力调节设备。只有在安装了经批准的压力调节设备后，才能使用压缩气体容器。

②泄压装置。按照美国交通部规定和 ASME 未燃烧压力容器规范，所

有燃气储存罐都必须安装泄压装置。这些装置是为了在燃气容器内压力达到危险水平时释放燃气。例如，当容器内压力过大或暴露于极端温度时，泄压装置可能会打开并将燃气排至大气中。典型的泄压装置包括破裂盘、可熔塞、破裂盘可熔塞组合和泄压阀。泄压装置的位置和压力等级必须加以标示。适任证持有人必须确保泄压装置不被篡改和物理损坏。

③限压装置。设计自动限压装置的目的是在燃气排放压力达到危险水平时自动关闭燃气传输系统，这样可以防止过度充气和容器破裂。

④控制阀。每个储气罐的顶部都有一个控制阀。该控制阀可以打开、关闭以控制储气罐的排放。只需转动手柄即可打开大多数气体控制阀。控制阀必须手动打开。在移动储气罐之前、喷枪未使用时以及储气罐为空时，应关闭阀门。

⑤调节器。在使用储气罐之前，控制阀上必须安装调节器。调节器是压缩气体系统中最重要的部件之一。调节器的目的是控制气体流量并降低从容器到设备的压力。调节器不仅可以控制气体的流动和配送，还可以作为储气罐的高压和终端设备之间的安全屏障（图4-26和图4-27）。

图 4-26　LPG 容器典型调节器　　　图 4-27　CNG 容器典型调节器

⑥软管和管道。调节器还连接到向器具供应气体的软管。该软管必须牢固地连接到设备上。一般而言，使用 LPG 或 CNG 的装置、器具或设备禁止使用非金属管道和管件。但是，建筑工地可能允许使用非金属软管。软管必须尽可能短，以防受到机械损坏，但软管不能过于靠近明火，必须保护软管免受物理损坏。软管不得超过 9.15 米。储气罐在建筑物内使用时，

软管不得穿过任何隔板、墙壁、天花板和地板。

系统中的管道须尽可能从一点直达另一点，并尽可能少地安装配件。禁止使用非金属管材或软管永久连接储气罐。必须保护所有管道和管件免受物理损坏和腐蚀。

（4）存放要求

所有储气罐和相关设备必须避免极端温度和物理损坏。例如，用于临时固定服务的储气罐必须放置在坚固且不可燃的地基上。高温（如 51℃ 以上）会导致容器内的压力增加，造成危险。必须使用保护隔板来保护暴露在加热设备热空气中的容器。储气罐必须垂直固定，不得堆放在架子上。

压缩储气罐应远离火源、极端温度、腐蚀性化学品或烟雾、坠落物体、未受保护的平台和电梯。

①室内和室外储存规则。LPG/CNG 容器不得储存在地下或地窖中。存储超过 11.33 立方米的 LPG/CNG 的区域都需要有效的存储许可证。LPG/CNG 存储必须远离以下位置：电力线、含有易燃或可燃液体的管道、含有易燃气体的管道、含有氧化物质的管道。所有空的或使用中的储气罐都应算作满容器，即任何空储气罐的数量必须以最大允许存储数量为准。

②一般室内存储规则。任何容量大于 485 毫升的 LPG 容器和大于 0.25 立方米的 CNG 容器不得存储在住宅、非住宅或室外可能存储 LPG/CNG 的位置。经授权的 LPG/CNG 室内储藏室仅用于储存 LPG/CNG。室内储藏室必须具备至少 2 小时耐火等级的墙壁、地板和天花板，并且有直接通向室外的检修门。任何进出储藏室的 LPG/CNG 容器的交付和提取只能进出室外检修门，不能进出建筑物。房间必须至少有一个 10-B：C 型灭火器。该灭火器固定在储藏室的外部，或放置在距离房间入口不超过 9.15 米容易拿取的位置。

室内 LPG 存储容量的特殊要求：如果存储在公众可以进入的建筑物内，则最大室内 LPG 存储容量为 90 千克。但是，如果室内存储位置不对公众开放，如工业建筑，则最大存储容量可增加至 136 千克。

③一般室外存储规则。不得将超过 70.8 立方米的 CNG 储存在已经存放了 CNG 的室外储存设施中，除非该设施符合现行消防规范和规则要求。室

外存储的 LPG 必须低于 181 千克。所有 LPG/CNG 容器必须存放在室外经批准的存储柜中。外壳保护容器免受极端温度、倾覆和物理损坏的影响。必须有至少 6 英尺高的金属开放式栅栏围栏保护，并由向外打开的带锁门或消防部门允许的可上锁通风金属储物柜固定。此类围栏或储物柜必须安装并固定在地上的坚固混凝土垫上，并加以保护以防止雨雪积聚。

外壳必须位于地面上方通风良好的区域，并且至少有一个位于外壳外部的 10-B：C 型灭火器保护。所需的灭火器距离存储位置不超过 9.15 米。LPG/CNG 容器不得存放在任何建筑物的屋顶上。

LPG/CNG 存储点应与街道相邻。在建筑工地储存 LPG/CNG 必须遵守"建筑工地储存"部分中列出的附加规定。室外存储位置必须符合表 4-24 的距离要求。

表 4-24　45～180 kg LPG/CNG 容器室外存储距离要求　单位：m

| 室外类型 | 最小距离 |
|---|---|
| 可燃材料（如纸箱） | 3 |
| 最近的地线、人行道或相邻地块上的建筑物 | 3 |
| 任何经授权的机动车辆停车处 | 3 |
| 地下可燃液体、易燃液体储存超过 3.79 m³ | 6 |
| 建筑物入口或任何出口通道门或楼梯 | 12 |
| 机动车燃油加油机（如加油站） | 12 |
| 用作多户住宅的建筑物 | 15 |
| 学校、医院、教堂或公共集会场所 | 30 |

④施工现场储存。不允许将 LPG/CNG 容器储存在地下或低于地面的位置。任何超过 11.33 立方米的 LPG/CNG 的存储、处理或使用都需要有效的存储许可证（11.33 立方米 LPG 约为 21 千克）。

LPG/CNG 存储必须远离以下位置：电线、含有易燃或可燃液体的管道、含有易燃气体的管道、含有氧化物质的管道。所有空的或使用中的气体容器都应算作满容器，即任何空储气罐的数量必须以最大允许存储数量为准。

符合 OSHA 要求的警告标志必须张贴在每个 LPG/CNG 安装、存储位置或使用地点的显著位置。

一般来说，LPG/CNG 容器不允许在任何无人居住的建筑物内存放过夜，应在每个工作日结束时带到室外。但是，在某些情况下，消防部门可能会允许这样做。LPG/CNG 容器的室内储存应提前获得消防部门的批准。LPG/CNG 容器不得存放在任何建筑物的屋顶上。

每个建筑工地储藏室应配备至少一个 40-B：C 等级的带轮灭火器。此类灭火器必须存放在存储设施外，或放置在距存储设施不超过 9.15 米的其他易于取用的位置（表 4-25）。

表 4-25　建筑工地 LPG 和 CNG 的最大允许量

| 建筑工地 | LPG/kg | CNG/m$^3$ | 备注 |
|---|---|---|---|
| 单一室外存储 | 1 133 | 608 | 建筑工地上两个位置之间的距离至少为 15.24 m |
| 单一室内存储 | 567 | 300 | 建筑工地上两个位置之间的距离至少为 21.34 m |
| 建筑工地总容量 | 2 268 | 1 203 | |

⑤禁止事项。LPG 和 CNG 储气罐具体的禁止事项见表 4-26。

表 4-26　储气罐使用条件与禁止事项

| 使用条件 | LPG 储气罐 | 例外情况 | CNG 储气罐 | 例外情况 |
|---|---|---|---|---|
| 在地下室、地窖或其他地下区域存放、处理或使用 | 禁止 | 紧急室内维修（但不允许占用公众集会场所）、检修井作业 | 禁止 | 紧急室内维修（但不允许占用公众集会场所）、检修井作业 |
| 将其存放、处理或使用，将其带入或允许将其带入任何住宅，包含住宅的建筑物或非住宅建筑物的地段 | 禁止使用任何容量超过 485 mL 的 LPG 容器 | 紧急室内维修（但不允许占用公众集会场所） | 禁止使用任何容量大于 0.25 m$^3$ 的 CNG 容器 | 紧急室内维修（但不允许占用公众集会场所） |

| 使用条件 | LPG 储气罐 | 例外情况 | CNG 储气罐 | 例外情况 |
|---|---|---|---|---|
| 将储气罐存放在建筑物的屋顶上 | 禁止 | | 禁止 | |
| 在建筑物屋顶上处理或使用储气罐 | 禁止使用任何容量超过485 mL 的 LPG 容器 | 紧急室内维修（但不允许占用公众集会场所）/沥青熔化器 | 禁止使用任何容量大于0.25 m³ 的 CNG 容器 | 紧急室内维修（但不允许占用公众集会场所）/沥青熔化器 |
| 在机动车辆内或机动车辆上存放、处理或使用 | 禁止 | 运输临时储存，或作为机动车辆燃料 | 禁止 | 运输临时储存，或作为机动车辆燃料 |
| 在公用事业单位使用管道天然气的区域存储、处理或使用，从而固定安装储气罐，除非获得专员授权 | 禁止 | | 禁止 | |
| 储存、处理或使用储气罐以供暖或加热水 | 禁止 | 建筑工地、紧急室内维修、检修井作业、街头集市 | 禁止 | 建筑工地、紧急室内维修、检修井作业、街头集市 |
| 配送 LPG/CNG，用 LPG/CNG 填充容器，或将 LPG/CNG 从一个容器转移到另一个容器 | 禁止 | | 禁止 | 在 CNG 动力车辆上安装 CNG 储气罐 |

### 4. 户外烹饪设备

（1）LPG/CNG 移动烹饪设备

使用 LPG/CNG 的移动烹饪设备只能携带 2 个 LPG 容器或 2 个 CNG 容器，容量不能超过 9 千克 LPG 或 4.8 立方米 CNG。当移动食品设备或其烹饪设备不使用时，必须关闭阀门（图 4-28）。

LPG/CNG 移动烹饪设备的位置必须符合表 4-27 的要求。

图 4-28　LPG 移动烹饪车

### 表4-27　LPG/CNG移动烹饪设备与室外物体最小距离

单位：m

| 室外物体类型 | 最小距离 |
| --- | --- |
| 可燃材料 | 1.22 |
| 储存易燃气体的其他设备，包括其他配备 LPG/CNG 容器的移动烹饪设备 | 3.05 |
| 地铁通风口或其他开口（地铁出入口除外） | 3.05 |
| 地铁出入口 | 6.10 |
| 易燃液体储罐的通风口 | 6.10 |
| 地下建筑开口，包括门、窗、进气口或排气口 | 3.05 |
| 木结构建筑 | 6.10 |
| 建筑物入口 | 12.19 |
| 多户住宅的建筑物 | 6.10 |
| 学校、医院、教堂或公共集会场所 | 6.10 |
| 其他建筑物 | 1.22 |

禁止在市集、嘉年华、街市及类似户外活动、公众聚集场所储存、搬运、使用 CNG。在街市及类似的户外集会场所储存、搬运及使用 LPG，须在有资质证书的人的监督下进行。

对于与任何街头集市、音乐会、节日或其他类似户外公共集会相关的 LPG 储存、处理和使用，每个设备只能连接 2 个 LPG 容器，每个容器不超过 9 千克。LPG 容器之间必须保持 3 米的间隔距离。所有 LPG 容器必须距离任何多户住宅建筑物、学校、医院、教堂或公共集会场所，或地铁入口、出口、通风口或其他开口范围外至少 15.24 米。LPG 装置或设备必须由专人操作，一人只能操作一台 LPG 装置。图 4-29 为 LPG 容器错误使用示例。

街头集市或其他类似的户外公共集会可以使用非金属软管连接 LPG 容器。然而，软管的长度不应超过 3.66 米，软管的设计工作压力应不低于 250 磅/平方英寸。

LPG 设备周围的区域必须始终保持清洁。LPG 容器和相关设备旁边不得存放易燃材料。LPG 容器与可燃材料必须至少保持 1.22 米的距离。垃圾和废料必须存放在有盖的容器中，其设计能够防止收集到的废物意外着火。垃圾容器不得溢出，应定期清空。

设备与 LPG 容器未保持 1.5 m 距离

图 4-29　LPG 容器错误使用示例

每个特许经营商的区域，或储存、处理、使用 LPG 的地点，必须配备至少具有 10-B：C 等级的便携式灭火器。

便携式灭火器应随时可用于烹饪区，但距离商用烹饪设备不得超过 9.15 米。

当油炸锅安装在烹饪区时，应按以下方式提供 K 级便携式灭火器：

①4 个油炸锅（每个油炸锅的最大烹饪介质容量为 36 千克，最大表面积为 3.34 平方米）：K 级便携式灭火器容量至少为 8.52 升。

②增加 4 个油炸锅（每个油炸锅的最大烹饪介质容量为 36 千克，最大表面积为 3.34 平方米）：增加一个 K 级便携式灭火器，容量至少为 8.52 升。

③最大烹饪介质容量超过 36 千克或表面积超过 3.34 平方米的单个油炸锅：根据便携式灭火器制造商的建议提供 K 级便携式灭火器。

（2）LPG/CNG 焊接工具设备

LPG/CNG 容器可用于为在检修井或类似地下结构中使用的工具设备提供燃料。涉及切割或焊接的明火作业应在距可燃材料和可燃废物至少 10 米的地方进行，或者应配备适当的防护装置以防止火花、熔渣或热量点燃暴露的可燃物。以下标识必须永久固定在工具设备上，工具设备位置应确保与其他物体保持最小距离（表 4-28 和表 4-29）。

表4-28　LPG/CNG 工具设备张贴的固定标识

| 类型 | 15 cm LPG 标牌 1075 | 15 cm CNG 标牌 1971 | LPG/CNG 禁止吸烟 |
|------|---------------------|---------------------|------------------|
| 示例 |  |  |  |
| 位置 | 必须贴在工具设备左右两侧 | 必须贴在工具设备左右两侧 | 必须贴在工具设备显眼位置 |

表4-29　LPG/CNG 焊接工具设备与室外物体的最小距离

单位：m

| 室外物体类型 | 最小距离 |
|--------------|----------|
| 最近的地界线、人行道或相邻地块的建筑物 | 3 |
| 任何可燃液体或可燃液体储罐的排气或灌装管道 | 4.5 |
| 地上易燃液体或可燃液体储罐 | 6 |
| 多户住宅建筑物 | 15 |
| 学校、医院、教堂或公共集会场所 | 30 |

### 5. 安全警示标识

在燃气设备安装的各个位置可能会贴有多种类型的安全标识。这些标志必须指明：火灾紧急情况下应遵循的一般消防安全程序、火灾报警的触发方法、手动关闭开关的位置、灭火器的位置、灭火器和灭火设备的使用方法、"禁止在安装区域范围内吸烟和使用明火"文字（图4-30）。

必须张贴禁止吸烟标识，并应有"危险—可燃气体，远离火源—禁止吸烟"等文字，应具有

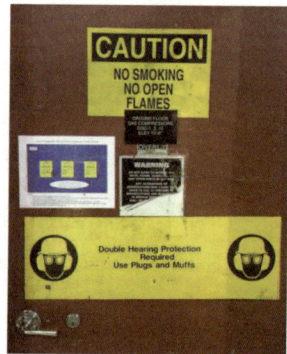

图4-30　消防安全标识

25 厘米×35 厘米的尺寸。"危险"一词应在一个红色的椭圆形中，椭圆形上边是一个白色的边框，边框在一个黑色的背景上，其他所需文字应在标志的下半部分以黑色刻在白色背景上。

## （三）相关技术

### 1. 管道内检测技术

（1）管道闭路电视（CCTV）检测

CCTV 检测技术首次出现于 20 世纪 50 年代，并在 20 世纪 80 年代趋于成熟。检测系统基本设备主要包括摄影机、灯光、电线及录影设备、摄影监视器、电源控制设备、承载摄影机的支架、牵引器及长度计算器。爬行器可搭载不同规格和型号的摄像头，通过电线与主控系统连接后响应操作命令。操作人员可在地面以上对 CCTV 检测系统发出指令，控制爬行器的前行和后退以及摄像头的方位。图 4-31 为美国 ULC Robotics 公司开发的可用于天然气管道的 CCTV 在线检测设备，它仅需开挖较小的路面即可将该设备放入天然气管道实施在线不停输检测。图 4-31（a）设备的爬行器较小，适用于管径较小（305～406 毫米）的管道，图 4-31（b）适用于管径较大（457～1 219 毫米）的管道，它们的最大工作压力均为 0.68 兆帕。因此该套系统仅适用于城镇燃气系统的中低压管道。

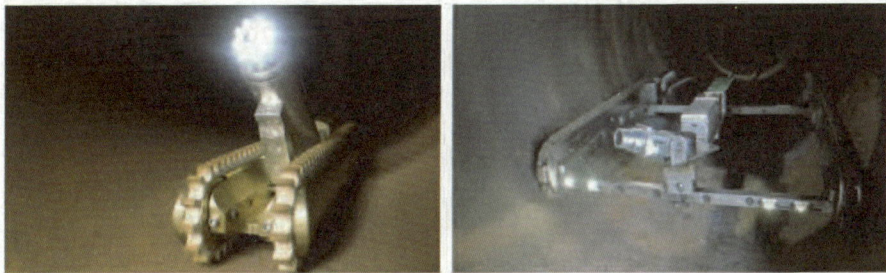

（a）适用于较小管径　　　　　　（b）适用于较大管径

图 4-31　ULC Robotics 公司的 CCTV 检测设备

如图 4-32 所示，CCTV 检测图像可显示管道内壁的缺陷、泄漏或腐蚀状况。除此之外，它还能应用于事故原因排查，对于一些低压燃气管道，在暴雨洪水后，管道泄漏可能会导致雨水灌入管道。

2017 年 7 月，美国 Newburgh 市发生了一起由暴雨引起的燃气管道中断事故，事故排查人员采用 CCTV 进入管道实施检测并找到了泄漏点的准确位置。

(a) 检测图像 1　　　　　　　　　(b) 检测图像 2

图 4-32　CCTV 检测管道内图像

（2）管道内窥镜（Videoscope）检测

在美国，城镇燃气用户很大一部分的老旧管道（钢管）已被塑料管（PE 管）所替代。通常用户端 PE 管的管径仅有 12.7 毫米，塑料管上的配件通常采用热熔焊的方法焊接，会在管道内部产生较大的焊接接头，从而减小管道的实际内径，此时，较大的检测设备无法进入管道。然而，对于城镇用户的燃气管道，缺陷和磨损是主要的检测对象，较高的清晰度是检测结果的保障，因此，可采用管道内窥镜进行检测。

管道内窥镜的功能与 CCTV 类似，用于查看天然气管道内部缺陷和腐蚀状况。图 4-33 为 Fiberscope.NET 公司开发的管道内窥镜产品实物图，它由一端具有目镜的刚性管或柔性管和另一端的物镜组成，通过中继光学系统连接在一起，是一种非常先进的管道镜，其内置了一个非常小的电荷耦合器件（Charge-Coupled Device，CCD）芯片，嵌入在示波器的顶端。视频镜头的直径通常为 10 毫米或更小，长度可达 15.24 米。该装置包括插入探头部分、铰接尖端、照明束、高强度外部光源、电缆接口以及外部媒体记录装置，视频图像通过内部布线回传到显示器。

图 4-33　管道内窥镜技术配套设备

（3）漏磁检测器检测

美国 GE-PII 公司成功开发了新型 MagneScan 高清晰度漏磁内检测器，主要适用于检测油气管道的内外腐蚀、环焊缝缺陷和管道材质硬疤等。该检测器使用了四合一传感技术，即集合了轴向、径向和周向的 3 个方向的霍尔效应腐蚀传感器以及区分内外管道腐蚀的 ID/OD 传感器（图 4-34）。

图 4-34　新型 MagneScan 高清晰度漏磁内检测器

此外，新型 MagneScan 内检测器还整合了 1 个高清晰度测径阵列（24 个传感器）和惯性测量单元 IMU，不但可以检测很小的凹陷，还可以实现对管线走向的 3D 测绘和曲率/张力大小的确定。

（4）小口径管道内检测

由于小口径管道的通过性和阀门的限制、变径设计以及转弯半径较小等问题，目前世界上约有 1/3 的管道属于难以检测的管道。美国 GE-PII 公司开发了一种 SmartScan™ 内检测器，该检测器可以在部分以前无法使用清管器的管道（20～33 毫米）中运行。可用于输油和输气管道，适用壁厚为 6.35～12.7 毫米，长、宽的精确度分别为±20 毫米、±20 毫米，深度尺寸的精确度为±15%壁厚（图 4-35）。

图 4-35 SmartScan™ 内检测器

（5）管道泄漏机载检测（Airborne Leak Detection）

管道泄漏机载检测技术是一种根据目标气体物理特性，采用机载仪器对目标气体的物理特性进行捕捉并识别的新型检测方法。天然气的主要成分为甲烷，目前能够用于天然气管道的机载泄漏检测技术主要有 3 种：机载激光检测、机载红外检测和机载嗅探器检测。

机载激光检测基于光谱吸收的原理，气体分子对光谱具有选择性吸收的特性，通过分析激光的初始功率和回波功率来获得气体的浓度。带有激光发射装置的飞行器在空中沿天然气管道飞行，将激光调谐到被检测气体的吸收波长，一部分激光能量被气体吸收，并用接收到的激光回波信号测量大气中甲烷的浓度。具有代表性的技术公司主要有 ITT、Aviation Technology Services、Pergam Technical Services、LASEN。

机载红外检测基于气体吸收红外光谱的原理，带有红外光谱滤波器的摄像机在空中沿管道线路拍摄，在一定的波长范围内，被检测气体吸收红外线辐射并在视频图像中显示出不同颜色。具有代表性的技术公司主要有FLIR。

机载嗅探器检测通常需要飞行器低空飞行穿过气体团，嗅探器提取空气样本进行分析，从而确定空气中天然气的浓度。具有代表性的技术公司主要为 Apogee Scientific，Iac。图 4-36 为美国 ITT 公司开发的机载天然气发射激光雷达（Airborne Natural Gas Emission Lidar，ANGEL）检测技术所配套的飞行器和传感器，ANGEL 检测技术的检测速度可达 160 千米/小时，检测精度较高，并能提供地理信息系统（Geographic Information System，GIS）数字影像。采用 ANGEL 技术对某输气管道的泄漏检测，飞行器上配置的差异吸收光达传感器的扫描宽度能够完全覆盖管道，并能提供甲烷的分布云图及浓度。

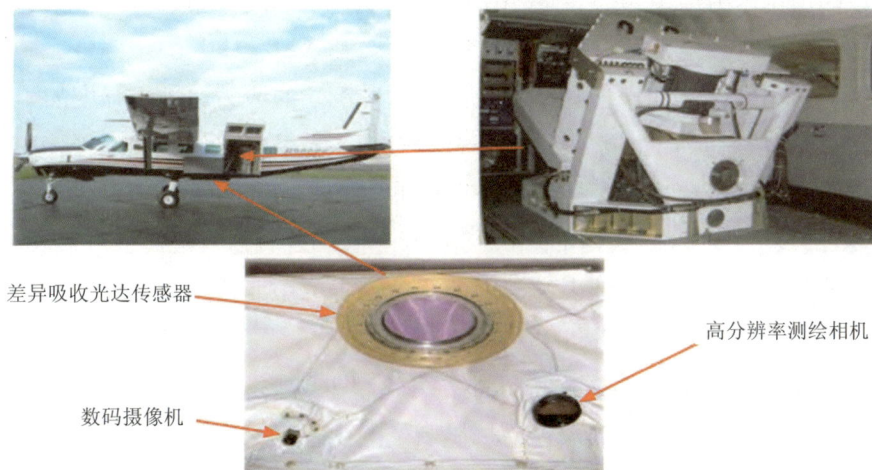

图 4-36　ITT 公司 ANGEL 技术配套飞行器和传感器

机载泄漏检测技术的优势主要有：①检测速度快，能够快速提供检测报告；②检测精度较高，并能准确定位泄漏位置；③能够快速发现泄漏位置，降低因天然气泄漏对社会和环境造成的风险；④极大地减少了人工成本。

该技术的局限性在于：①该技术需要由具有特殊资质的航空公司配合完成；②检测结果可能会受风速的影响；③运行成本较高。

### 2. 修复技术

（1）油气管道环氧填充套筒非焊接修复

该技术由美国 Battelle 公司开发。原理是在环氧树脂与钢质套筒之间形成一个连续的负载过渡，将缺陷部位的载荷或应力转移到钢质套筒上。安装时，首先用两个钢套筒将管道的故障部位包起来，套筒端部用密封剂密封，然后向套筒与管壁之间形成的环形空隙内注入环氧树脂。

这种修复技术可实施带压修复，避免对在用管道进行焊接作业产生潜在危险，从而可在安全而经济有效的方式下恢复整个管道系统的完整性。此方法最适宜修复高压天然气和成品油管道，因为它不需要直接在管道上进行焊接，或干脆不用焊接，仅采用螺栓进行现场的定位安装。目前，该方法的适用压力为 10 兆帕，适用温度范围为 3～100 摄氏度。

（2）油气管道复合材料快速修复

复合材料修复的原理是，将缺陷部位所承受的应力通过高强度的填充物转移至复合套筒上，常用的复合材料有加入玻璃纤维增强聚酯（GRP）或碳纤维增强聚合物复合材料（CFRP）的聚酯、乙烯酯或环氧基体材料。在复合修复技术领域，美国的 ClockSpring 公司的复合修复套筒最具代表性，在北美、欧洲等国家的陆上及海上油气管道上应用非常广泛，近些年亚洲一些国家也陆续开始应用。

ClockSpring 的复合套筒由三部分组成，即高强度的单向复合套筒、快速固化的强力双面黏合剂及极高抗压强度的填料。该产品可分别应用于管体补强、管道堵漏和管道抑制裂缝等不同场合，适用管道直径范围为 101.6～1 422.4 毫米。应用时，当土方开挖完成后，采用 ClockSpring 套筒，两个人30 分钟即可完成安装。由于复合套筒具有记忆效应，安装 3 分钟后，各层材料就能紧紧地包覆在管体表面，构成一个完整持久的修复层。

管道补强套件可用于腐蚀或损伤程度低于 80% 的管道补强。修复后的管道，其承压能力将会百分之百地恢复到新建管道的水平。

# 六、亮点

## （一）实行多方协作，完善标准规范

美国政府相关部门负责燃气管线的规划与政策制定，相关行业协会颁布或推荐相关技术标准规范。美国行业协会制定的技术领先的标准规范作为政府管理的强大支撑和执法依据。美国交通部管线与危险材料安全管理局（PHMSA）将标准开发组织（SDO）开发和发布的 80 多个标准和规范的全部或部分纳入联邦法规 49CFR 第 192、第 193 和第 195 部分。纽约市将多项标准规范转化为城市法令，转化的燃气安全相关法令有《纽约市建筑法》《纽约市消防法》等。

美国国家标准学会、美国机构工程师协会《管道系统识别方案》标准对不同承载物管道的标签与文本颜色、管道标签的可见性和尺寸进行了具体规定。美国国家消防协会发布《燃气检测报警设备安装标准》。《纽约市地方法》规定，所有安装火灾报警系统的餐馆必须在 2021 年 7 月 1 日之前安装一氧化碳探测器，纽约市凡是烹饪器具会产生油脂或烟雾的餐馆都必须安装商业烹饪灭火系统。

## （二）严格监管制度，减少安全隐患

美国州际管道由美国交通部管理，各州管道由各州自行立法设立管理机构进行管理，各州每年应向交通部提供一份证明，证明其管道管理符合联邦的要求。交通部可以委托州管理机构对州内部管道实施检查。美国使用国家火灾事故报告系统统计火灾事故信息。美国城市能源系统受联邦和州监管制度约束，不同的责任实体负责设定可靠性目标和标准，并实施监管。

纽约市公用事业公司每 3 年对住宅区进行一次燃气管道检查，每年对商业区进行一次燃气管道检查。纽约市政府与纽约市公用事业公司和监管机构合作，加强市内天然气长输和输配系统的安全管理。

## （三）制定长期规划，实现节能降碳

　　纽约市城市行政服务部（DCAS）能源管理处（DEM）是城市建筑能源管理的枢纽。城市行政服务部在支持机构合作伙伴实现城市主要减排和能源目标方面发挥着关键作用，制定了80×50、40×25和50×30、100兆瓦×25、100兆瓦时×20等目标，以减少纽约市碳排放量。纽约市启动《纽约市清洁供暖计划》，力争尽快将各类建筑所消耗的能源过渡为最清洁的燃料。

# 参考文献

Distribution de gaz naturel en France. 2010. Spécifications de construction de l'alimentation en gaz de l'habitat individuel ou collectif（REAL 1010）[R]. French.

Health and Safety Executive. 2014. Avoiding danger from underground services (Third edition)[R]. uk: Health and Safty Executiue.

Madame la Ministre de la Transition Écologique et Solidaire. 2020. La sécurité des réseaux de distribution de gaz naturel[R]. French.

Ministère de la transition écologique et solidaire. 2020. Plan d'action préventif[R]. French.

Ministère du Développement durable. 2014. Canalisations de transport[R]. French.

New York City Fire Department. 2015. Study material for the examination for certificate of fitness for G23[R]. New York City Fire Department.

New York City Fire Department. 2015. Study material for the examination for certificate of fitness for G29 supervision of piped compressed flammable gas system（citywide）[R]. New York City Fire Department.

New York City Mayor's Office of Long-Term Planning and Sustainability. 2012. Assessment of New York city natural gas market fundamentals and life cycle fuel emissions[R]. ICF International.

NJUG Ltd. 2018. Street works uk guidance on the positioning and colour coding of underground utilities' apparatus[R]. UK：National Joint Utilities Group Limited.

NYC Buildings. 2020. Gas utility analytics report[R]. NYC Buildings.

PD 8010 Part 1. Steel pipelines on land—code of practice[S]. UK：BSI.

PD 8010 Part 3. 2004. Steel pipelines on land—guide to the application of pipeline risk assessment to proposed developments in the vicinity of major accident hazard pipelines containing flammables—supplement to PD 8010-1[S]. UK：BSI.

Robert H. 2018. NYC gas work：safety & legislation[R]. NYC Buildings.

The Energy Network Association. 2011. The first round of climate change adaptation reporting[R]. UK：The Energy Network Association.

Urban Green Council. 2017. New York city's energy and water use 2014 and 2015 report[R]. The City of New York.

边红彪，齐格奇，范学勋. 2014. 日本控制燃气安全的经验和做法[J]. 中国个体防护装备，2：51-53.

边红彪，齐格奇. 2014. 日本燃气表的安全装置对我国的启示[J]. 标准科学，9：88-90.

国家管网北方管道有限责任公司. 2020. 世界管道概览（2020）[M]. 北京：石油工业出版社.

邰婕，赵忠德，武松，等. 2017. 世界典型国家天然气发展历程及对中国的启示[J]. 国际石油经济，25（8）：72-80.

金雷，王一君. 2013. 开放市场环境下法国燃气分配公司发展经验及启示[J]. 城市燃气，8：41-43.

李超. 2016. 法国 GrDF 企业发展和市场开发的战略应用及思考[J]. 上海燃气，2：44-46.

刘爱华，黄检，吴卓儒，等. 2017. 城市燃气管道状况及燃气事故统计分析[J]. 燃气与热力，10：69-75.

刘彬，李铮，李颜强，等. 2019. 英美日技术法规体系对燃气标准化改革的启示[J]. 煤气与热力，39（2）：33-38，46.

马迎秋. 2014. 法国城市燃气管网介绍[J]. 上海煤气，2：36-37，40.

尚秋谨，刘鹏澄. 2014. 城市地下管线运行管理的英法经验[J]. 城市管理与科技，16（3）：76-78.

吴玉杰，李军，李程. 2019. 国内外燃气管道失效率及失效原因对比与归纳[J]. 煤气与热力，2：1-5，44-45.

赵国菁. 日本城市燃气的安全管理[J]. 2012. 煤气与热力，32（4）：40-44.

周卫东. 2007. 浅释日本《燃气事业法》中有关安全管理的基本法律观点[J]. 城市燃气，5：19-24.

# 资料来源

[1] 経済産業省資源エネルギー庁. https://www.enecho.meti.go.jp/category/electricity_
    and_gas/gas/.

[2] 東京ガスホームページ. https://www.tokyo-gas.co.jp/insight/index.html.

[3] 日本ガス協会. https://www.gas.or.jp/about/.

[4] 日本ガス機器検査協会. https://www.jia-page.or.jp/.

[5] ガス警報機工業会. https://www.jia-page.or.jp/certification/jia/bosai/.

[6] ガス安全高度化計画 2030. https://www.meti.go.jp/shingikai/sankoshin/hoan_
    shohi/gas_anzen/pdf/023_s03_00.pdf.

[7] カーボンニュートラルチャレンジ 2030.

[8] 埋設管維持管理マニュアル. https://manualzilla.com/doc.

[9] 都市ガス事業の現状. https://www.gas.or.jp/gasfacts_j/#target/page_no=1.